实践·微风集

鲁丹建筑作品集

2001—2019

LINK ARCHITECTURE

鲁丹 著

东南大学出版社

图书在版编目（CIP）数据

实践·微风集：鲁丹建筑作品集：2001—2019 / 鲁
丹著. —南京：东南大学出版社，2019.5
  ISBN 978 - 7 - 5641 - 8058 - 4

  Ⅰ．①实… Ⅱ．① 鲁… Ⅲ．① 建筑设计–作品集–中
国–现代　Ⅳ．① TU206

中国版本图书馆CIP数据核字（2019）第221894 号

实践·微风集　SHIJIAN WEIFENG JI

著　　　者	鲁　丹	
出 版 发 行	东南大学出版社	
社　　　址	南京市四牌楼 2 号　（邮编：210096）	
出 版 人	江建中	
责 任 编 辑	顾晓阳	
经　　　销	全国各地新华书店	
印　　　刷	上海雅昌艺术印刷有限公司	

开　　本	889 mm × 1194 mm　1/16
印　　张	9.75
字　　数	300 千
版　　次	2019 年 5 月第 1 版
印　　次	2019 年 5 月第 1 次印刷
书　　号	ISBN 978 - 7 - 5641 - 8058 - 4
定　　价	180.00 元

本社图书若有印装质量问题，请直接与营销部联系，电话：025-83791830。

浙江大学建筑设计研究院建筑八院

鲁丹建筑作品集

2001—2006

探求建筑空间的功能逻辑和文脉关联

▼

2007—2019

之间建筑

▼

序

Foreword

从"探求建筑空间的功能逻辑和文脉关联"到"之间建筑"

鲁丹，1992 年毕业于东南大学建筑系。浙江大学建筑设计研究院建筑八院院长，设计总监，国家一级注册建筑师、教授级高级建筑师；2006 年获得中国建筑学会"第六届青年建筑师奖"称号；2009 年获"中国当代优秀青年建筑师"称号（中国建筑文化研究会、中国建筑学会建筑史学分会建筑与文化学术委员会）；2015 年起担任东南大学、浙江大学、天津大学硕士研究生企业导师。

1992 年从业以来，鲁丹得到了很多前辈的教导和帮助，他自己在工作中也努力思考，逐步形成在设计中"探求建筑空间的功能逻辑和文脉关联"的思想，并以此进行设计实践，创作了湖州大剧院、温州大学新校区图书馆、杭州钱塘春晓花园等作品，2006 年获中国建筑学会"第六届青年建筑师奖"。之后在此基础上逐步发展学术思想，2007 年至今，尝试对多样性文化等因素关联的"之间建筑"的思想与理论进行探索和实践，思考整体、单体组合的设计与文化或场地中先在的系统约束力的联系，拓展建筑设计的各种富有吸引力的可能性，试图激发出建筑的固有精神和有机姿态，成为建筑环境与地域文脉"在场"化的延伸；与建筑八院设计团队一起以此创作了中国电子科技集团电子科技园、杭州科技职业技术学院陶行知研究馆、杭州乔司中学、杭州大华西溪澄品、芜湖市行政中心及会议中心、芜湖大剧院、中国电子科技集团第三十八研究所科技展示馆、华山喜来登酒店、临安博物馆、梦云南·温泉山谷国际网赛中心等一系列作品。

历年来主持并带领建筑八院设计团队完成并建成多项建筑设计，获得多项奖项。

在《建筑学报》《新建筑》《华中建筑》《工业建筑》《建筑技术及设计》《建筑与文化》《亚洲建筑国际交流会论文集》等上发表学术论文多篇。

多项作品收录于《中国青年建筑师 188》（天津大学出版社）、《1993—2010 前进中的中国建筑》（中国城市出版社）、《中国当代杰出青年建筑师人物作品大典》（中国建筑工业出版社）、《中国当代优秀青年建筑师作品（首卷）》（中国建筑工业出版社）、《新时代高校优秀图书馆建筑图集》（华东师范大学出版社）、《中国当代优秀青年建筑师作品（VII）上册》（天津大学出版社）、《中国建筑设计作品选 2017—2019》（《建筑学报》杂志社）、《中国土木工程詹天佑奖优秀住宅小区金奖获奖项目精选》（中国建筑工业出版社）等。

全国优秀工程勘察设计行业奖：
- 一等奖（3 项）：杭州科技职业技术学院陶行知研究馆、杭州乔司中学、杭州大华西溪澄品
- 二等奖（3 项）：中国电子科技集团第三十八研究所科技展示馆、芜湖市行政中心及会议中心、芜湖世茂滨江花园
- 三等奖（6 项）：中国电子科技集团第三十八研究所管理中心等

浙江省建设工程钱江杯优秀勘察设计奖：
- 一等奖（3 项）：温州大学新校区图书馆、湖州大剧院、芜湖大剧院
- 二等奖（5 项）：杭州大华华领国际商务中心、芜湖规划展示馆及博物馆等
- 三等奖（3 项）：博微长安电子科技园设计中心、湖州市图书馆等

教育部优秀工程勘察设计奖：
- 一等奖（1 项）：中国电子科技集团第三十八研究所科技展示馆
- 二等奖（5 项）：中国电子科技集团第三十八研究所管理中心、智慧黄山旅游指挥调度中心等
- 三等奖（7 项）：浙江大学紫金港校区图书信息中心、浙江外国语学院学生剧院及艺术系楼、无锡职业技术学院新校区图书馆、博微协同设计中心等

中国钢结构金奖：
中国电子科技集团电子科技园建筑项目（谷雨村）

中国威海国际建筑设计大奖赛优秀奖：
临安博物馆、紫蓬山测试塔

全国詹天佑住宅金奖、全国人居经典建筑规划综合大奖：
杭州钱塘春晓花园

杭州市西湖杯优秀勘察设计奖：
- 一等奖（4 项）：中国电子科技集团第三十八研究所机载集成中心等
- 二等奖（2 项）：中国电子科技集团第三十八研究所星载集成中心等
- 三等奖（7 项）：白石山大剧院、安源大剧院、杭州科技职业技术学院学生公寓、中德芜湖国际康复医院、铁山宾馆等

美国 American Society of Landscape Architectures 奖：
Qianjiang Civil Center
（与美国 LSG landscape Architecture 事务所合作）

感谢多年来一直给予指导和帮助的前辈和老师们：

沈济黄（国家工程设计大师）、徐庆庭（国家工程设计大师）、董丹申（浙江省工程设计大师）、杨毅（浙江省工程设计大师）、黎冰（浙江省工程设计大师）、童根树（浙江大学建工学院教授）、罗卿平（浙江大学建工学院教授）、赵军（东南大学建筑学院教授）等。

感谢多年来共同工作的合作建筑师们（包括参与建筑八院各项目建筑、景观、室内设计的人员）：

张燕、王启宇、冯小辉、王立明、程啸、袁洁梅、钱明一、崔赫、胡冀现、王玉平、陈学锋、赵得功、于海涛、沈磊、杨都、夏黄靖、毛哲诚、陈晓龙、徐崭青、唐波、洪敏、吕勇鹏、卢宇佳、徐晏、张昳哲、高梦格、袁帅、胡福荫、夏炎、姚敏、章慕悫、毛联平、杨鹏、苏仁毅、裘靖俏、凌青鑫、吴念儒、包健、张毅、李静源、董浩、楚冉、高恒、叶坚、方寅、阙华、任志勇、王旭达、路戈、汤泽荣、朱亮、李倩雯、唐立舟、燕南、黄玲斌、汤铠任、吴恝楠、熊籽发、杨斌等（排名不分先后）

感谢浙江大学建筑设计研究院的平衡之树的理论体系和宽松的学术氛围，使得我们可以专注研究学术，投入创作，相互探讨交流与进步。

以上为建筑八院设计团队和建筑师鲁丹对近十余年的工作经历和创作方向的总结与汇报。虽有不少不足，但也取得了一些成绩，其间得到了很多的师长和朋友们的鼓励。设计的这些项目中，有些是非常重要的，有些的投资和级别可能也不一定很高；有些进展比较顺利，有些遇到了一些困难。但是对我们来说，每一个项目都是重要的，我们都认真对待，尽力做好。这些年来，我们一直坚持每个项目都以"独立思考、多维推敲、坚持原创"的态度进行创作设计。从"探求建筑空间的功能逻辑和文脉关联"到"之间建筑"，希冀我们能为业主、为使用者、为街区、为城市、为土地、为山林、为社会贡献出一份力所能及的力量。

浙江大学建筑设计研究院建筑八院

前言

Preface

关于"之间建筑"的研究与实践

我们作为职业建筑师，在忙碌的快节奏工作中停下来反躬自问：自己塑造的作品，究竟会以一种什么样的方式介入身边的世界？我们在赋予建筑物质形态的同时，是否也意味着它们即刻在本体逻辑的基础上开始与外部的世界产生联系？这又会是一种什么样的联系呢？

东西方文化进展的各种思想，很多将世界视作关联的结构化整体。艺术包括建筑，也处在某种复杂的关联之中，与经济、宗教、科学及不同地域文化密不可分。建筑作为一种使用功能与艺术文化交融的门类，在发展中对整体体系保持着修补、更新、扩展甚至个别节点中爆发式异化的功能。其意义落在不同的相互之间的层面，是功能之间的物质性容器，也是形式之间的精神化节点，此消彼长，互为参照。它们在共时与历时的脉络交织中，接壤左右，过渡今夕，安抚人们的身心。

我们思考，以过程状态替代结果表达，将"之间"作为一种设计哲学，视建筑为承担不同角色的系统中介，以弹性的物质形态为依托，在动态的地理演进和历史演化进程中，向周边融合丰富的社会和精神意涵：多样性的、激越的、平淡的、乡愁的等等。我们将"之间"的状态视为一种具有包容性的张力，于文明之间、地域之间、物我之间和多维之间做一些我们的理解和分析。

一些建筑史观以西方中心论为主要基准点，认为现代主义由西方发源，并单向传播影响第三世界。这是源自文明的优越心理的视野。不可否认，西方在近现代发展之中占尽先机，但现代主义建筑更应该是一个多极的概念。无论先进与落后，都是不同文明面对技术发展，在建筑学意义上所做的理解。安藤、妹岛在设计中对日本文化精神的发掘，西扎在伊比利亚半岛的经年尝试，多西在印度本土的累月根植，都是源自地域文化的"现代"创新。现代主义的抽象与洗练，也可以伴随地域自育交织，在东西、南北、内外之间发展。

地域主义与现代主义，二者更是参与到彼此发展的过程之中。弗兰姆普敦所提的"批判性地域主义"虽为当代建筑师在特殊地域之中的创作提供了合理的方法论参考，但他居高临下的态度始终将"地域"特点当作后在的元素，将"地域"视为"调色板"，供建筑师去批判地抽象和玩味。我们并不同意这个观点，思考地域主义至少与现代主义有同等重要的地位："之间"的建筑，立足于地域和现代之间，立足于二者交织发展的过程之中。地域特点一直是先在的，地域主义的发展一直就是现代主义发展的一部分，现代主义无法忽视地域主义的参与价值。

文明之间：丝绸之路的启迪

丝绸之路是文明的中介，在长期历史进程中，将东西方文明推向对话与交融。在文明自我演进之时，文明之间的人群往来、物质交换、知识共享、文化互兴，也给世界带来更加丰富的发展可能。建筑学作为文明的亚文化层面，在其"之间"中得以被滋润。东西方对于建筑的美学理解开始逐渐以一种和谐的方式相互接纳。福建泉州的清真古寺，鲜活地描绘着彼时阿拉伯的伊斯兰美学形式；英国贵族的精美瓷器，跃然透印着古典中国园林的风貌图景。这是丝路对"之间"过去的意义留痕。而新时代的"一带一路"，是中国对于自身处在世界"之间"的文明的平等和贡献。人类命运共同体成为文明"之间"关联的美好形式。

建筑作为"之间"文明的关联，有古典的美学意义探讨，有现代主义的形式，有不同的风格流变与谱系，立足当下的具体环境"之间"的问题，将自身置于文明文化平等，努力对各自社会文化的发展做出建筑意义上的有意义的回应。

文化之间：现代与地域的交织

现代主义建筑通行并影响了世界，但学界对现代主义亦有误解。一

物我之间：发展与传统的融合

建筑学是一门实践性的学科，怀着一部分与生俱来的使命感，认为自己应该同自然科学一样，面向未来，优化人类的生活环境。改变了什么，得到了什么，抽象的功能，科技的效率，都似乎成了建筑学追寻的目标。从柯布西耶的光明城市，到当下的人工智能设计，都体现出人类的发展雄心。而此时面向过去的"传统"，似乎逐渐淡出了建筑学的话语中心。口口相传的对于传统价值的珍视，也似乎成为消费主义引领之下的即时策略，对于建筑与城市的历史价值、文脉遗产保护，对于过去意义的思考，"传统"也被无情地"现代"了。但传统是厚重的，它延迟在人们的精神深处，挥之不去，伴随人们的生活和习俗延续至今。传统是内省和自我的。如若建筑学触及发展前沿的一端是其物质性的牵引，则其怀抱历史传统的一端则是其精神性的依托。

发展与传统如何相互融合，以前的、当下的、未来的建筑的物质性与精神性如何辩证统一，是"之间"的建筑想了解的疑问，并通过设计做出不成熟的解答。我们试图在给予建筑物质形态之时提问其对于人类生活的意义，以技术科学向前追问，以人类科学向后内省。于物我之间，探寻如何拥抱未来的发展，如何考量对传统的继承。

多维之间：二元论的解析

二元论作为西方哲学的渊源之一，深刻影响着西方的现代建筑学。如何发现场所中的二元矛盾？通过设计介入，以某种方式来解决问题。建筑设计本身也常通过多组二元对立的观念来达成形态：传统与现代、图形与基底、功能与形式、厚重与虚渺、水平与垂直……

现代主义建筑学的发展很大程度上也得益于二元论的传播。然而当面对丰富的地域文化之时，单一维度的二元论似乎并不起作用。事物虽靠分类获得理性，但大多数文化的感染力是无法被二元论所分类解剖的。在传统中国文化之中，对于物质和精神的理解是浑然一体的：物我本属一体，内外原无判隔。人与人、人与自然是连续的整体："物法地、地法天、天法道、道法自然。"自然与人文世界之中，矛盾无处不在，随时转化，不会稳定在二元的状态。

多维之间的视野，以传统中国哲学面对问题，不将世界视为单一维度的二元体矛盾。以统合集合的方式介入，容许多维呈某种方式的对立，不以中庸折中的方式来调和，以二元甚至多元之间的化学反应，激发出建筑的不同层面的优质精神和相互融合的有机姿态。

"之间建筑"的美学意义

事物不断变化，历史永恒发展。世界行进的每一分秒，都在创造新的进程。建筑设计的活动也时刻参与新的历史书写，其所追求的稳定与突进一直是动态和相对的概念。

"之间"所试想的文明之间、文化之间、物我之间和多维之间的牵制性张力，存在于瞬时的"过程状态"之中。每一个"之间"所承载的瞬间，激发交流、碰撞、融合和一统，带来多样的可能性、戏剧性、未知性、想象空间和期待。建筑面向"之间"的瞬间，破茧而出，发展升华，或许具有一种生命进化与生长的美学意义。

"之间建筑"的实践

我们在这些年的建筑创作中，尝试以"之间建筑"的思想做了一些我们认为还比较有意义的研究和实践。中国电子科技集团电子科技园：在山水之间营造大体量的科研综合体，将集约化的布局与小尺度的村落相组合，一镇九村，融合了科技情怀与人文乡愁的美好。杭州科技职业技术学院陶行知研究馆：以园、院、筑的不同尺度空间的连贯，洗练地表达陶行知先生毕生践行人民教育的精神。杭州大华西溪澄品、杭州乔司中学：挖掘江南柔和的文化韵味、现代的功能和技术以及木构、砖瓦、金属的组织。湖州大剧院、芜湖大剧院：以"破茧而出"和"江蚌含珠"，表达吉祥的生命瞬间的美学意义。白石山大剧院、郑州大剧院：发掘项目的地域文脉，前者结合基地周边的明长城以出土方鼎为建筑抽象形态，后者以历史逐鹿中原的中军大帐为建筑抽象形态。中国电子科技集团第三十八研究所科技展示馆：以小中见大的方式诠释了微空间与徽空间。浙江建设职业技术学院上虞校区、安澜中学：未来的期许与前世今生的连线，前者引入了抽象的古越文化街巷，后者融入了将军时代的民国风格。华山喜来登酒店：大尺度的抽象莲花与关中民居的交织。梦云南·温泉山谷国际网赛中心：以大小涟漪的空间形态化解复杂的高差山地。杭州西溪永乐城：研究了城市新街区的和而不同的肌理。芜湖规划展示馆及博物馆、临安博物馆：将参观流线与探寻历史结合，前者寓意江边巨石经时间洗礼显现璞玉，后者为向地下挖掘的空间引导。

建筑的功能、空间、形态、意境等，与文脉、地域、场所、时间都产生关联，这些或许不一定要被某种规定所限制，相互之间可以是自然、弹性、有自我品格、共存相融、历时演化的状态。

之如丝绸之路上楼兰古城的集市，之如君士坦丁堡17世纪某个街区，之如卢浮宫里的玻璃金字塔，之如MIT的理性校园里那组欢快的Stata Center，温和的阳光下，微风从建筑之间吹来，仿佛听到动听的音乐。

目录　　Contents

综合建筑
Commercial/HOPSCA Architecture

居住建筑
Residential Architecture

园区规划
Park Planning

科研建筑 Research Architecture

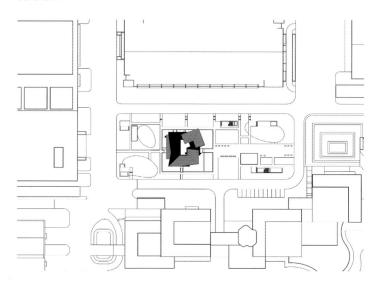

中国电子科技集团第三十八研究所科技展示馆
Science & Technology Exhibition Building of CETC 38

安徽　　合肥

项目时间：2015—2016
项目规模：1 000 m²
2017 年度教育部优秀工程勘察设计一等奖

微空间与徽空间
——中国电子科技集团第三十八研究所科技展示中心创作札记

1. 场地布局

中国电子科技集团第三十八研究所是国家一类研究所，其科技展示中心建于合肥市高新区三十八所科技园内。园区自整体规划开始到单体建筑的完成，经历了 15 年的"营造"。"营造"将园区作为结构化的整体，视园区自身的所有改变都是系统关联要素的更新。而科技展示中心单体的置入，接近一种在整体场地环境之中的场景建构，是对于微小建筑体量的地域化设计，以"微空间"的设计来诠释"徽空间"的内涵。

园区的场地布局在遵循统一的功能分区的前提下，没有刻意控制形态，类似文人筑园，在宏观的整体关照下顾及微观的细节考究。场地文脉被延续和保存：总部研发中心最先建成，以此为起点，逐渐"生长"出管理中心、四创科研中心、机载中心、星载中心等功能体量，呈现一个多样的平衡整体。科技展示中心作为新近一员，于此科技聚落的园林之中置一方亭台，引风聚气，在全局之中有画龙点睛的意味。

场地设计紧随布局，表达对文脉的遵循。以当地石材铺作为路径，格网式划分整体绿化广场，四向展开。人行其中，偶遇水院草丘，仿似山水树林。格网作为场地中一个统一的图底，包容了展示中心"合院"建筑的存在。几处出入口的金属雨篷，呈现半围合的姿态，以景观矮墙的形式从建筑向场地中延伸，模糊空间界定，引导人流，是以场景建构建筑的一种尝试。

2. 功能设置

科技展示中心设计之初，面对园区生长的态势，设想在北部紧凑的单体布局之中尽量留白，形成一片规整的开放绿地，植以树木，缓和相对紧张的空间关系，建立场域感，为工作人员提供研究间隙放松交流的去处。

然而源自科研发展的需求，需要在此处增加展示、仓储、交流、停车、后勤等多种功能空间。经过反复比对，展示中心决定尽最大努力不破坏已有开放空间，尊重总体布局中各种因素相互关联的态势。具体策略上，保留开放绿地，将主要使用空间于地下设置，利用景观下沉庭院进行采光通风，并在开放绿地中心置入拓扑变化的小尺度的方形"合院"，作为使用入口和接待空间，形成场域核心。

地下设计三层，负三层和负二层为地下停车及后勤服务空间，其坡道与管理中心原有坡道相连，负一层主要为科技展示空间；地上设置一层合院，为共享、交流和休息空间。停车空间暗藏，共享交流空间外露并作为展示空间的引导，人员流线及车辆流线、服务与被服务空间、主导和辅助空间、公共和私密空间分级清晰。面对场域现实，科技展示中心

的设计满足各方面的功能需求，与总体布局之间有合理的关联与支撑。

3. 空间构思

通过空间建构来体现地域文化，融入江淮文化的开放广博和徽州文化的内敛深邃。如何在小体量的建筑中表述文化？面对有限的操作环境，设计回归民居建筑空间形态，小心处理露出地面的部分。空间中将体量定义成方形，置于场地格网中，在方形中心空出庭院，基本的"四水归堂"民居姿态得以成型。对围绕"合院"的实体体量进行分割、扭转与削切，将建筑的轮廓进行抽象。

分离出的体量，经旋转抽象后，作为东侧入口旁的接待空间，其玻璃幕墙外表罩以古铜色的格栅，从形态和材质两方面来对比、平衡原有体量的水平态势。在完成体量的减法之后，针对具体部位辅以局部加法。如在入口处嵌入玻璃体，连接格栅体量和原有体量，玻璃体自身作为入口玄关，表现出一种半开放的透明性。另两处玻璃体分别嵌入南侧次入口和西侧休息厅，同几处错落布局的"小轩窗"一道，适当增加了外侧封闭"合院"的开放性。"合院"四周紧邻的场地上也有几处下沉院落，结合入口处的"水院"，构成了叠合的院落空间。

4. 技术建造

园区的营造依托"技术建造"的支撑，从设计构思到实体建成，对技术细节和建造组织需要平衡满足来自各方的实际需求，以推动整体建造的逐步合理开展。

展示中心遵循整个电子科技行业对"创新"的追求，采用了全新的结构和围护设计，如全钢结构体系在混凝土基台上的确立、钢柱节点在室内外空间中的推敲、全钛锌板一体化幕墙系统首次在该园区中的应用。

在建造中，以全钛锌板系统作为外墙体系，省去了填充基墙，直接在钢结构框架上进行建筑表皮的铺陈，准确高效地达到造型转折的要求。其所具有的耐久性、可靠性、延展性在与木材、玻璃、石材等多种材料的结合中体现出较好的表现力，作为环保绿色材料也符合可持续发展理念。

小体量的"合院"有着比较复杂抽象的形体关系，在设计初期，就要求幕墙专业介入，提供相关细部节点构造和荷载参数，以及节能计算数据，并同钢结构专业共同计算预留构造空间，继而反馈建筑设计做出及时必要的修改。而面对幕墙材料与景观场地的过渡交接处，景观专业及时跟进，综合考虑建筑表皮、场地表面和下沉界面的整体效果。在建造施工过程中，以建筑、幕墙和景观专业牵头，协调结构、水、电、暖各专业设计人员全方位指导施工。

在建造中，建筑师与各专业方、业主方、施工方协同合作，解决施工建造中出现的种种细节问题。在多方沟通之下，运用专业技术、工程经验、组织智慧，找到平衡各方需求的合理点，共同营造出完成度较好的建筑作品。

5. 对整体和单体之间的思考

在很多场合中，单体建筑的融入是对所处整体环境结构态势的一种更新，积极的从属态度会在节点层面上得以彰显——接壤左右，过渡今夕。

科技展示中心的设计对时空意义的研究，在两方面有所延伸：对于空间维度的思考与具体建筑尺度之间的比照，其体量同附近管理中心一样采用院落组合，通过在空间尺度的谦隐，在材质上寻求创新而有所区别；对于时间维度与文化之间的融合，将企业文化、行业文化和地域文化通过空间和功能的关联达到复合和统一。

"整体"中"单体"的设计需要对场地中先在的系统约束力因势利导，促使我们思考建筑设计的各种富有吸引力的可能性，激发建筑感染人的精神和姿态，使建筑成为建构与地域文脉"在场"化的延伸。

原载于《建筑学报》2018 年第 3 期

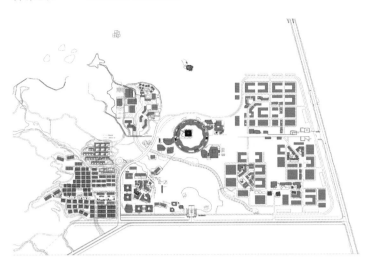

中国电子科技集团电子科技园
CETC Electronic Science and Technology Park

河北　　保定

项目时间：2015—2019
项目规模：1 100 000 m²
2019 年度中国钢结构金奖

　　中国电子科技集团电子科技园为"一镇九村"的概念，在总体尺度上以建筑聚落为空间语言，于山边水畔灵活布置九个不同尺度的村落，一个个村落成自然生长态势，散落其间，建筑与山体自然景观优雅融合，互相渗透。在山与水的环抱之下，各个要素组合形成高品质的工作、科研、生活场所，生机盎然，回归田园和自然。"望得见山，看得见水，记得住乡愁"，依托现有山水脉络等独特风光，让园区融入大自然，传承文化，建造有历史记忆、地域特色的美丽科技园区。

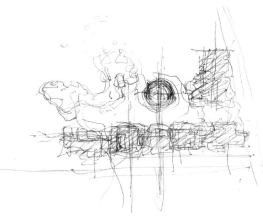

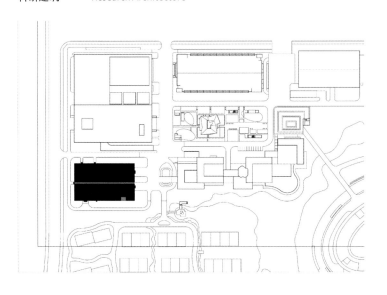

中国电子科技集团第三十八研究所星载集成中心
Spaceborne Integrated Center of CETC 38

安徽　　合肥

项目时间：2013—2015
项目规模：7 552 m²
2016 年度杭州市西湖杯优秀勘察设计二等奖

　　星载集成中心在其引领的环境中起到一种"空间过渡"的作用。其体量、形态、色彩与周边建筑具有类型相似性，但也有区别，从而产生从科研区到生活区的和谐过渡。

　　建筑整体稳重、大气，体现军工企业深厚的文化内涵。其两部分体量一虚、一实，面向科研区采用实体陶板，倡导理性与严密；面向生活区采用穿孔金属板，书写细腻与柔和。

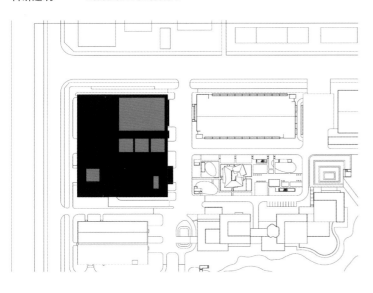

中国电子科技集团第三十八研究所机载集成中心
Airborne Integrated Center of CETC 38

安徽　　合肥

项目时间：2009—2011
项目规模：44 420 ㎡
2014 年度杭州市西湖杯优秀勘察设计一等奖

　　建筑整体寓意为科技的载体、知识的容器。作为新区核心的生产实验场所，设计构思为一个精雕细琢的宝盒，分散的暗室，机载集成中心如同珍宝般被盛放于宝盒内，成为完整的一体。

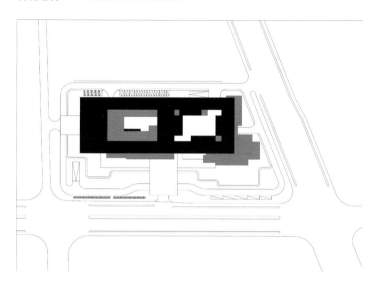

杭州大江东"智能制造"开放性公共技能实训基地
"Smart Manufacturing" Public Skills Training Base of Hangzhou Dajiangdong

浙江　　杭州

项目时间：2016—2019
项目规模：40 900 m²
建造中

　　建筑犹如一个综合性的载体，当中的不同组合均能发生不同的化学反应，打造集教学实验、办公研发、智能制造、学院住宿、交流娱乐、生活配套等众多功能于一身的"智能工场"。

　　两层基座由众多不规则体块互相穿插、堆积而成，犹如像素化的图形单元，如抽象的江南民居。上部三层的方形体量，通过不规则的幕墙体系，打造富含韵律、科技感的方形"盒子载体"。

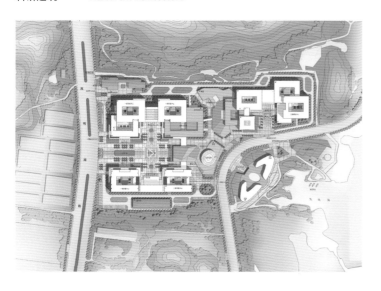

奇瑞汽车龙山科技园项目
Longshan Project of Chery Automobile

安徽　　芜湖

项目时间：2009
项目规模：243 100 m²
中标方案

　　建筑通过对现代材料的表现，体现了工业建筑模数化的机械美学。简洁纯粹的形体，辅以整列化的建筑元素。立面以竖向构图为主，韵律十足的竖向构件穿插以横向构筑元素，使整体形成虚实对比、线面结合。以浅色石材和深色涂料为主，穿插纯净的玻璃体量，形成纯净浪漫的园区气质。

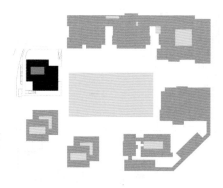

中国电子科技集团合肥博微产业园
Hefei Bowei Industrial Park of CETC

安徽　　合肥

项目时间：2013
项目规模：470 000 m²
2019 年度教育部优秀工程勘察设计三等奖（博微协同设计中心）

　　各种不同性质的建筑形成组团（Block），如同传统的聚落，便于管理和分期建设，相辅相成，自成体系，以组团为空间基本模式，簇群状布局，富有领域感和安全感。组团内部空间，以广场为中心，形成交往的氛围和宜人的空间，让人轻松愉快，非常符合现代产业园的规划和人的交往心理。

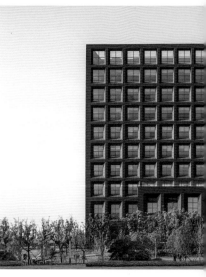

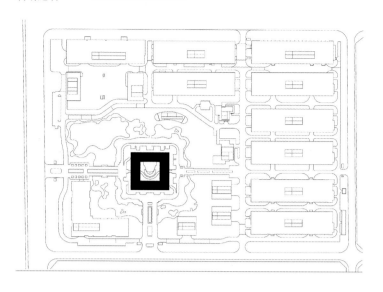

博微长安电子科技园设计中心
Design Center of Bowei Chang' an Electronic Science Park

安徽　六安

项目时间：2014—2016
项目规模：30 773 m²
2017 年度浙江省建设工程钱江杯优秀勘察设计三等奖

徽西"一颗印"。

　　把握现代电子科技研究生产发展趋势，顺应新时期研究设计对于科研生产的重要性的要求，达成功能紧凑联系的布局，与生产区的联系富有弹性，进而形成便捷、智能的科研环境。作为园区之核，以统一的建筑空间环境创造出优雅的氛围与多样和谐的意境。CPU 是电脑的处理核心，设计大楼恰似整个园区的"科技核芯"中央处理器。

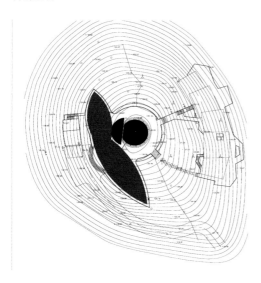

紫蓬山测试塔配套用房
The Supporting Room for the Test Tower of Zipeng Mountain

安徽　　合肥

项目时间：2007
项目规模：909.4 m²
2011 年中国威海国际建筑设计大奖赛优秀奖

　　"祈承天露，静听佛音。"设计追求建筑、人与环境之间更多的共享。
建筑试着探索、体验、欣赏、融入周边地景，拥抱山水，展空灵之美，取淳
朴豁达的意境。

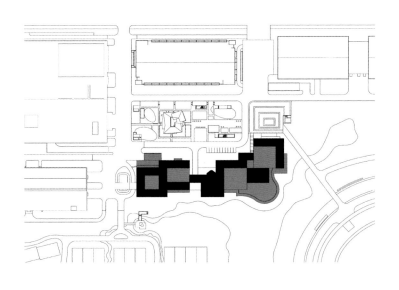

中国电子科技集团第三十八研究所管理中心
Management Center of CETC 38

安徽　　合肥

项目时间：2007—2009
项目规模：44 420 ㎡
2011 年度教育部优秀工程勘察设计二等奖

借鉴徽州名居原生态村落的生动空间形态，选用四个方形合院的形体造型，通过建筑层数的加减变化以及平面上的进退变化，塑造了高低错落的形体组合。方形合院的平面布局形式，既解决了大进深空间的采光问题，同时又赋予了建筑空间以内聚的场所精神。

整组建筑如同微型城市，包容了多样性。

文化建筑 Cultural Architecture

湖州大剧院
Huzhou Grand Theatre

浙江　湖州

项目时间：2008
项目规模：36 000 m²
2009 年度浙江省建设工程钱江杯优秀勘察设计一等奖

　　表达对当地"水文化""丝绸文化"的尊重，大剧院的造型取意一只美丽的蝴蝶破茧而出，寓意艺术的突破和升华。"云跃碧波上，蝶舞破茧时。"设计努力呈现出自然流露的活力与魅力，希望它是一种有机的美的生命形式。建筑向我们传达出其自身对特定地点所作的独特反映与交流，从而使一些美好的事物和情感永恒而获得歌颂。

云跃碧波上，蝶舞破茧时
——湖州大剧院

剧院和图书馆这类文化建筑作为城市的一种充满感情的建筑形式，被看作是城市的艺术馆，它们具有较强的技术性、综合性和艺术性，对提高全民文化素质具有重要作用。其设计和建设深受社会的政治、经济、文化、科技等方面的影响。从某种意义上讲，此类建筑集中反映了一个地区或一个国家的经济实力、文化科技的水准和精神面貌。一座城市剧院不仅仅是演出的工具，一座图书馆也不只是藏书、借阅的场所，它们更应成为城市文化的纪念碑，成为城市景观的地标。

城市重要的文化建筑，应具有自己的中心目的、内在逻辑和表现形式，从而完成个性化使命。在湖州市大剧院和图书馆的设计中，以此为切入点，试图从环境、意义和交流三个方面来做出设计的应答。

1. 环境

环境的空间性和时间性对建筑具有直接的指导作用，它们将影响建筑的个性与品质的形成。建筑在空间上的广延性（与城市空间和当地文脉的联系）以及时间上的绵延性（与历史和未来的联系）成为设计过程中追寻的重要主题。

湖州是中国环太湖地区唯一因湖而得名的城市。" 茫茫太湖，白波生烟，汪洋三万六千顷，银涛雪浪远接天，湖山沉浮，隐现浪间"。湖州濒临太湖，素有"丝绸之府、鱼米之乡、文物之邦"的美称，湖州是世界丝绸文化发祥地之一，在市郊钱山漾遗址出土的蚕丝织物，是迄今为止发现的世界上最悠久的蚕丝织物之一，有4 700年历史；湖州丝绸不仅早已"冠绝天下"，而且经丝绸之路获"湖丝衣天下"的美誉。因此，大剧院的建筑设计在建筑形式上吸收丝绸和水的自然特征元素，以曲线作为特征形式语言，力求反映湖州历史名城的特征和特色。

湖州市大剧院及图书馆工程建设于湖州市仁皇山新区之市民广场东侧，广场西侧为湖州市科技馆、音乐厅、博物馆。因此，本工程将成为市民文化广场的重要建筑背景，并且需要与北面市政中心取得较好的空间关系。如何把握建筑尺度，处理好功能、造型、分区、空间组织和平面布局，以符合基地环境的整体性要求，将是设计的重点。设计中将大剧院、群艺馆、图书馆三项功能内容在形态处理上作为一个建筑整体来考虑，以剧院为核心，群艺馆与图书馆以弧形形体环抱，群体向市政中心、市民广场围合、敞开，总体布局基本呈半包围结构。三者的结合有针对性地与西侧地块的科技馆、音乐厅、博物馆取得体量上的平衡与协调。大剧院主入口朝向西北，设弧形大台阶，通过体形的减法处理和钢构雨篷等活跃元素的突显，与西北侧的市政中心取得较好的对话关系。通过

灵动的建筑形态处理和对建筑群体空间关系的组织来强调大剧院、群艺馆和图书馆在整个地块的整体性，最大限度地挖掘其艺术表现力，营造文化共享的公众场所氛围。

我们努力建立某种联系，这种联系是建筑存在的本质，是人与建筑在时间和空间范畴内的理解和交流，"促使时间和空间在此和谐地融合，从而唤起人类失去的记忆"。

2. 意义

意义不仅是概念的、抽象的，同时亦是空间的、形状的。和空间组织一样，形状亦是基本的环境属性，是给环境以具体表现和特征的素材，形状是意义组织的一个重要方面。当空间组织本身表达着意义且有着交流的属性时，意义常常通过色彩、形体、尺度、材料、符号等形状要素体现出来。

湖州大剧院和图书馆表达出对当地"水文化""丝绸文化"的尊重。大剧院取意一只美丽的蝴蝶破茧而出，寓意艺术的突破与升华。之所以撷取这一生命过程中具有美学意义的时刻作为设计的主题，是因为这一时刻前承历史、后续未来，能够表达出一种神圣性和神秘感。图书馆与群艺馆连体造型则如同舞动的绸带，围绕大剧院优雅地展开；它们是大剧院柔软的、富有弹性的伙伴，是轻盈而飘逸的背景。

正如空间及意义的线索能识别场所，场所会成为社会生活的标志，进而指示预期行为——前提是线索易被大众接受。安东尼·普里多克（Antoine Predock）认为："去剧院应是一项仪式、一个典礼。"我们的愿望是：当人们走近湖州大剧院，能体验到"蝶舞破茧时"那一刻动人的情怀。

3. 交流

空间、时间及意义的组织都是围绕人的活动。在何时何地、何种脉络及场合中，怎样交流，这些都是交流与环境间相联系的重要途径。环境既反映交流，也调节它、引导它、控制它、促进它，环境和交流都有文化的适应性。

针对湖州大剧院及图书馆功能复杂、基地周边景观要素各异，建筑平面及造型要考虑周边界面的多方面适应性。基地北面为市行政中心，邻城市道路，将成为大剧院北面主要人流出入口，因此将大剧院主入口朝北与行政中心遥相呼应。东边邻城市干道中兴路，将文化服务及群艺馆等设施沿中兴路展开。南边为城市公园，邻城市道路，因此将图书馆朝向南面。西边为城市文化广场，大剧院及图书馆形成的建筑群体空间充分向广场

展开。大剧院西立面以轻盈的弧形、透明的玻璃界面向文化广场徐徐展示其文化品格。来剧院的观众由北面大台阶直上 2 层休息大平台进入中庭大厅，各层休息廊、底层影视娱乐空间均围绕中庭布置。中庭大厅高18 m，透过点式玻璃幕墙界面从各层休息厅远眺，市政中心及文化广场的景色尽收眼底。2 层的室外平台则在形态上构成大剧院基座，成为和文化广场之间的一个竖向层次，亦是一个良好的休闲观景场所。

大剧院与群艺馆、图书馆之间是带形绿化共享空间，既向文化广场敞开，同时满足消防环道要求，大剧院与群艺馆之间通过架空连廊联系。图书馆主立面朝向南面城市公园，读者由南面进入大厅中庭。遵循"不应让人们在公共建筑中问路"的原则，整个大厅设计具有较强的引导性，楼梯、电梯、总台、服务设施等均暴露在大厅中，一目了然。图书馆平面设计融合集中式与分散式的优点，力争既高效便捷又优雅宁静。沿中兴路与纬一路采用弧形界面，景观活泼富有动感。整组建筑空间与造型注重表现力和节奏感，以浪漫主义手法表现意念，寻求开放与交流。

意义是从环境到人的表达，交流则是其中沟通的手段。交流的组织是建筑师与环境、空间、时间、意义的面对面的沟通，它将主宰我们的设计。设计的结果呈现出自然流露的活力与魅力，不是单纯的形式拟态和模仿，也不仅仅是隐喻和象征，希望它是一种有机的美的生命形式。而这种有机形式也昭示我们，建筑的形式与结构应该具有多种可能性，不应该仅仅遵从于几何学或某种既定的审美法则。

如同科学、艺术和其他的主要文化形式，建筑是一种存在的方式。因此，当我们试图定义真实的深层次的建筑功能时，并非只是简单地描述这一人工产品，而是在解释我们了解其自身的基本方式。

我们期待，站在湖州大剧院和图书馆面前，你能感受到处在一个独特的场所，因为它的渊源、它的环境、它的意义。建筑向我们传达出其自身对特定地点所作的独特反映与交流，从而使一些美好的事物永恒而获得歌颂。

原载于《新建筑》2005 年第 5 期

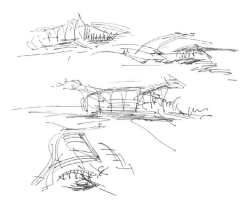

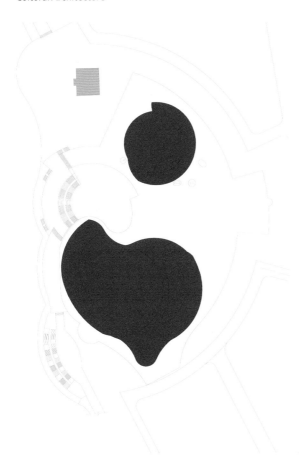

芜湖大剧院
Wuhu Grand Theatre

安徽　芜湖

项目时间：2006—2012
项目规模：51 368 m²
2015 年度浙江省建设工程钱江杯优秀勘察设计一等奖

　　作为城市轴线与长江交汇的重要节点，项目设计努力与城市和长江取得较好的空间关系。力求体现地域特征，在形式上吸取长江水的自然特征元素，以优美曲线作为特征形式语言，赋予建筑以漂浮感，塑造抽象且动态的建筑群体空间，营造美好的文化共享的民众场所精神。整组建筑被芜湖民众形象地喻为"江滨双贝"——大剧院造型优雅、饱满丰盈，相邻的艺术中心则顺势而卧。"贝壳孕育珍珠"，也寓意芜湖城市依江发展的勃勃生机和璀璨前景。

　　基地北面现存历史保护建筑——清代的老海关。现代的文化艺术中心与历史建筑在空间上产生围合之势，形成时空变幻的滨江文化氛围。

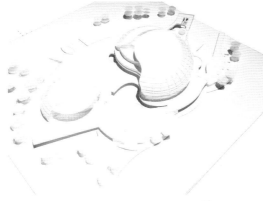

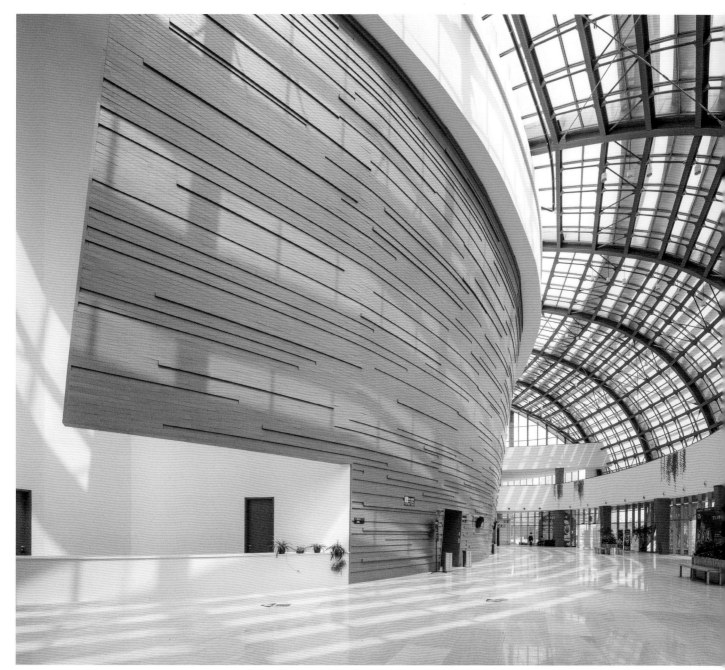

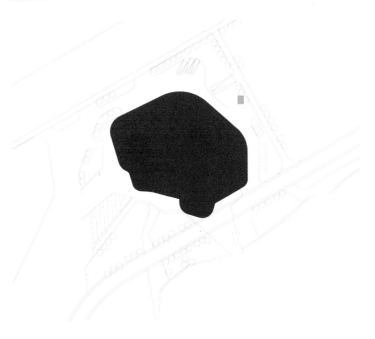

安源大剧院
Anyuan Grand Theatre

江西　萍乡

项目时间：2010
项目规模：21 856 m²
2018 年度杭州西湖杯优秀勘察设计三等奖

　　城市的文化底蕴和历史积淀使大剧院背负期待，一抹灵秀如初春的新芽悄然出现。设计以萌芽的种子为引，将其神韵赋予建筑形态之中，安源文化历史得以经典重现，形式与内涵相统一。八十多年前，红色革命的种子在萍乡的安源煤矿萌发；今天，伴随着城市的腾飞和人民的文化需求，在玉湖岸边，高雅艺术的种子生机勃勃地发出了新芽。大剧院圆润祥和，洁白灵美，在城市公园一侧静静地成为城市中具有高雅艺术品格的珍品。

白石山大剧院
Baishishan Grand Theatre

河北　　保定

项目时间：2016
项目规模：18 354 ㎡
2019 年度杭州西湖杯优秀勘察设计三等奖

　　白石山景区属于北京房山世界地质公园的一部分，有全国独一无二的大理岩峰林地貌，国家 AAAAA 级景区。设计结合基地附近的明长城遗址，以"山石之中，古国重器；四方之纲，华美盛典"为理念，考虑建筑与历史文脉和基地景致的关联，以原型体量为主导唤起美学共鸣，建筑与基地一体化，建筑内外一体化设计。

郑州大剧院
Zhengzhou Grand Theatre

河南　郑州

项目时间：2015
项目规模：99 100 ㎡
投标入围方案

　　设计在建筑形式上以突出中原地方特色为原则，挖掘中华文明发源地的传统文脉，通过现代的建筑形体、抽象的立面造型以体现"中军大帐"的设计理念。郑州大地上，诸多历史英雄人物逐鹿中原，留下身影，千载之后，尤使人望其风采。古时军帐中，运筹帷幄，决胜千里之外，就是谱写华夏历史的见证；当今"帐幕"内，共聚厅堂，同唱美好未来，更是展现时代文明的标志。

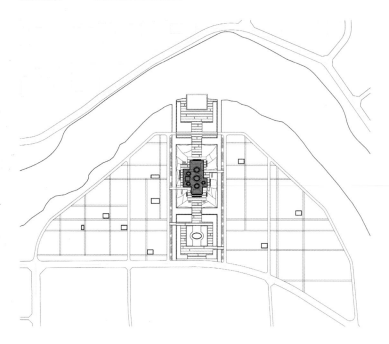

随州编钟音乐大剧院
Suizhou Chime Music Theatre

湖北　随州

项目时间：2016
项目规模：19 700 m²
投标入围方案　　UAD 建筑创作奖优秀奖

　　设计体现"中国编钟音乐之都，世界打击乐之乡"的风采，通过提取编钟的符号元素，并以现代的手法解构，使之融入建筑体系。编钟以一种抽象而又简明的几何图形得以呈现。将古典融于现代，将民族引向世界。

　　作为一座历史悠久城市中的标志性大剧院，具有地域特色场景感的营造是设计的另一重心。将整个剧院场地和建筑一体化设计，通过建筑讲述一个城市的故事——古老的剧幕缓缓拉开，经历千年的风霜，砂砾渐渐退去，深埋已久的编钟缓缓浮现。时光洗去千年的砂砾，只为此刻金声玉振。

芜湖规划展示馆及博物馆
Wuhu Planning Exhibition Hall & Museum

安徽　芜湖

项目时间：2011—2014
项目规模：45 041 ㎡
2017 年度浙江省建设工程钱江杯优秀勘察设计二等奖

　　设计将规划展示馆和博物馆这两个城市中重要的文化建筑整合关联，历史的回眸和未来的展望在现实时空之中相遇。

　　城市发展时间的节点：两馆的组合是一种类型演化，通过场所中建筑形态的文化隐喻，将城市历史传统和民众心理的沉淀融入本体空间之中。

　　城市建设空间的节点：建筑北临新城中央绿地及行政中心，南靠新城主轴。拙朴的博物馆，圆润的规划展示馆，通过共享中庭相互连接统一。"两江之水抱佳石，灵石孕玉佑江城"，以此为形体立意。

　　时空之间的戏剧性：在城市空间中剪切合并四幕蒙太奇片段——两江抱石、灵石藏玉、石开玉出、祥佑江城。这是珍藏城市过往文明的"灵石"，也是祈佑未来的"璞玉"。

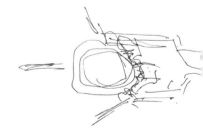

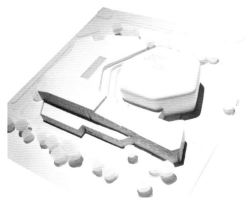

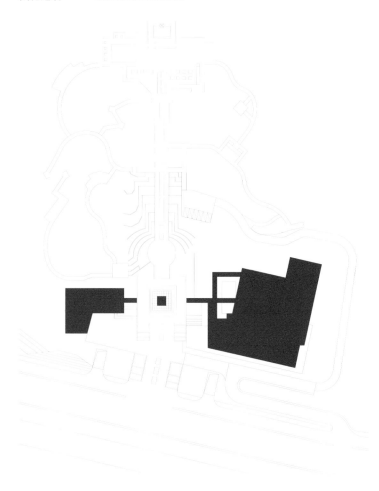

临安博物馆
Lin'an Museum

浙江　临安

项目时间：2011
项目规模：7 445 m²
中标方案
第六届中国威海国际建筑设计大奖赛优秀奖

　　从临安极具代表性的钱王砖石遗址中吸取灵感，将建筑体量纵横搭砌，形成地下宫殿一隅被发掘出来的意象，隐喻了掩埋于山下的吴越文化历史，给人以神秘和向往的无穷想象。在巍巍山脚下的博物馆建筑，以坚实雕塑般的建筑体块组合寻求与自然山体的协调与平衡，形成山脉的有机延续，建筑如探求吴越文明地下宝库的入口，引发人们对吴越文化的探寻。

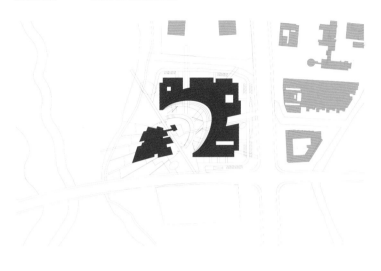

嘉兴市文化艺术中心
Jiaxing Culture & Art Center

浙江　嘉兴

项目时间：2016
项目规模：110 400 ㎡
投标入围方案

　　烟雨江南，依水成街，咫尺往来，皆需舟楫。方案中央核心空间如同形态优雅的"月亮湾"，空间意境柔美诗意，形成整个建筑群落的灵魂，将多种人流引入其间，共享中心广场，并呈辐射状，实现了图书馆、影城、音乐厅及群团服务的良好通达性。

　　河边，舟楫，次第相接，一场江南独有的水上文化盛会。设计结合当地丝绸文化、水乡文化，整个建筑群形态以"船会"为意境。其中，美术馆抽象为自然流畅的"船"的建筑造型，灵动张扬，富有活力；图书馆、影城、音乐厅及群团服务抽象为码头及港湾意向，温润优雅，完整统一，围合成城市剧场的宏大空间。

中国商业与贸易博物馆
Chinese Commerce & Trade Museum

浙江　义乌

项目时间：2014
项目规模：51 000 ㎡
投标入围方案

　　秉承"体验式博物馆"和"城市文化客厅"的设计原则，进行总体布局。设计隐喻"一艘航向未来的商船"，回应义乌商贸文化的飞跃发展，象征着义乌精神的广袤前景。这艘肩负梦想的商船仿佛可以航行于世界，遨游于太空，折射出义乌对于全球商贸的广泛影响。现代与活力成为彰显城市文化与城市精神的标志性特征。

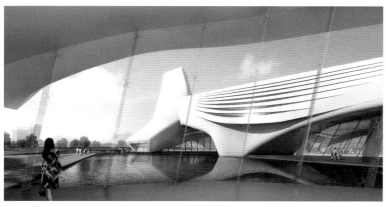

安徽省博物馆
Anhui Museum

安徽   合肥

项目时间：2006
项目规模：32 940 ㎡
投标入围方案

　　取意于一块历经沧桑的黄山石，被岁月之水穿透，呈现为璀璨的瑰宝。设计藏巧于拙，期待以其独特的想象力和戏剧性创造一个能激发民众热情的博物馆。

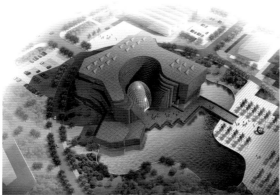

2022 冬奥会冰雪小镇会展酒店片区
Convention Exhibition Center & Hotel Area of 2022 Olympic Winter Games

河北　　张家口

项目时间：2017

项目规模：115 630 ㎡

投标入围方案　　UAD 建筑创作金奖

　　顺应山脉的等高线走向，呼应周边山体，以类地景建筑消解大型建筑尺度，从形态上成为地景的一部分；并结合山地地貌，通过类似等高线的褶皱弱化建筑尺度。

　　连续完整的屋面相对于多个体量及繁复的形体而言，更有助于消隐体量。展览中心及会议中心局部造型采用整体化设计，使其具有形体的可识别性，并以其舒展流畅的连续折面，打造抽象优雅的姿态，符合国家气质与世界级论坛主会场的气质，以具有冰雪流动感的形体来呼应张家口的冰雪文化。屋面与局部墙面材质选用浅灰色石片与局部木构的组合，在结合现代材料的同时探索 "北方山地建筑风格"，寻求一种对自然、对本土元素的尊重。酒店及会议中心局部采用木构材质，在流畅屋面衬托下形如雪谷中的山村，两者相互交融。

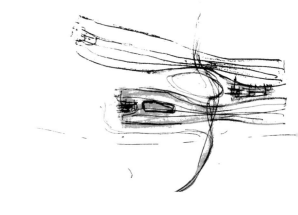

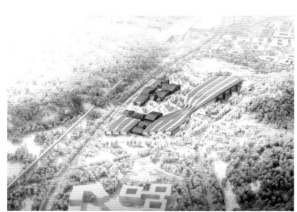

仙居神仙居景区关后村民居改造
Renovation of Residential Buildings in Guanhou Village of Immortal Residence Scenic Region

浙江　台州

项目时间：2019
项目规模：11 080 ㎡
建造中

　　在村庄景观提升设计中，从江南地区民居丰厚的历史遗产中借鉴和汲取优秀而富有历史、地域特征的建筑元素，为村庄再次找回逐渐遗失的文化脉络。为关后村民居立面形象设计了两种形态原型——"传统山居"和"民国小筑"，从清末至民初不同时期江南地区传统民居中汲取灵感。借鉴村庄周边桐江书院所采用的"观音兜"元素，打造"传统山居"这一形态原型。

村庄原状

教育建筑 Educational Architecture

杭州科技职业技术学院陶行知研究馆
Tao Xingzhi Research Center of Hangzhou Science and Technology Vocational College

浙江　　杭州

项目时间：2008—2009
项目规模：13 030 m²
2013 年度全国优秀工程勘察设计行业奖建筑工程一等奖

　　项目用地东、西及北侧均为保留的自然山体，校园内的水体自用地南侧穿行而过。建筑布局"背山面水"，山地溪河的自然景观充满诗情画意。设计借鉴中国园林的造园手法，强调空间的渗透与层次变化，以形成"桃花源"般独特的空间感受，强调陶行知思想之于学校办学的指导意义，追求"思源致远"的空间意境。

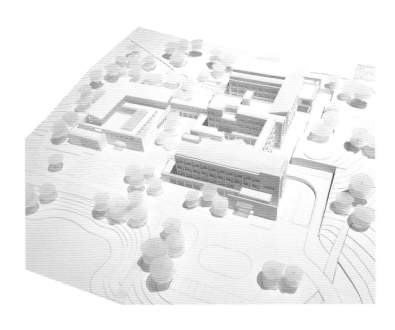

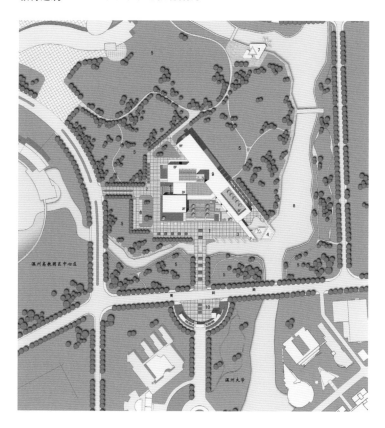

温州大学新校区图书馆
The Library in the New Campus of Wenzhou University

浙江　温州

项目时间：2002—2004
项目规模：33 370 m²
2005 年度浙江省建设工程钱江杯优秀勘察设计一等奖

温州大学新校区图书馆作为温州高教园区的现代化图书信息中心，应充分体现其公众性及开放性，传达其文化传播的特性。新建图书馆作为环境因子，顺应中心园区规划，并重新确定自身新主角的地位，呈现其文化特征。故而，新图书馆在布局上面向温州大学、中心园区充分开放，"锚固"入原有场所，统领与平衡各区关系。

平面设计融合集中式图书馆的高效便捷和分散式图书馆的环境优雅，阅览空间强调朝向，取南偏东，使阅览环境充满人性关怀。建筑的平面分区明确，互不干扰，阅览部分可灵活划分，可分可合的大空间藏阅合一、开架阅览。立面造型强调空间感，抽象化的古典柱廊向往着古典秩序，玻璃棱晶体以简洁、透明表达着理性与纯净，它们象征着图书馆这一人类文明的结晶。

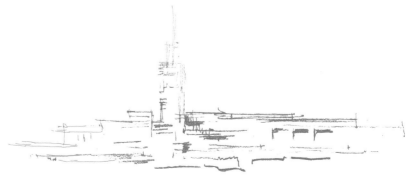

温州大学新校区图书馆

温州大学新校区图书馆设计的核心问题是如何处理建筑特定的外部秩序和内部秩序以及两者之间的矛盾与关联。基于此，设计提出中心性与一体化概念，努力使外部秩序与内部秩序彼此尊重、相互渗透与结合，最终形成连续空间的形态。

1. 外部秩序与内部秩序

温州大学新校区图书馆位于温州高教园区内，西边是温州大学校园，北边为高教园中心区，南边为茶山河，东边为拟建创业大厦，总用地100亩。在温州高教园区的规划中，本图书馆由温州大学建设管理，但在总体功能定位上是作为整个高教园区的图书信息中心。针对这一特殊的角色，设计认为在完善其本身的同时，应充分体现其在整个高教园区的公众性及开放性，体现文化的辐射传播。图书馆作为环境因子，尊重顺应中心园区的规划思想，确定自身新主角的地位，展示自身的文化品质与特征。布局设计力求向周边充分开放，与各方有所关联，"嵌入"场地，与之相融。

外部秩序通过由外而内的减法建立。设计结合基地周边环境，使图书馆阅览部分采取分别朝温州大学和高教园中心区打开的梯形布局。其中阅览空间朝向南偏东15°左右，保证了良好的采光通风条件，同时使平面长边与温州大学楼群的肌理方向完全契合；西边向温州大学主入口轴线方向打开，形成图书馆读者主入口；北边向高教园中心区打开，形成另一个读者入口。

内部秩序通过由内而外的加法建立。设计融合集中式与分散式布局的优点，形成一个中心交通及读者活动区、四个基本功能区。中心交通及读者活动区设在平面形态的中心区域，南面为阅读基本区，东面为业务办公区，西面为公共活动区，北面为学术交流区。中心交通及读者活动区结合门厅设计，人流、信息、观光汇聚于此；读者活动区基本安排在底层，其中出纳、查目自成一区，避免人流交叉。阅览区采用可分可合的大空间布局，统一柱网、统一荷载、统一层高，求得最大的灵活性。业务管理区、技术服务区考虑与阅览区、交通区、底层出纳大厅等联系方便，并相对独立，不对阅览区产生干扰。学术交流区主要布置在建筑的西北边，其中人流较多的展览厅、报告厅均布置在一、二层，使用方便并尽量远离阅读区。该项目由于规模较大、功能较多，因此内部秩序较为复杂和难以连贯。设计通过导入外部秩序，促成内部秩序共同作用，形成生动而有效率的建筑总体秩序。

2. 中心性与一体化

针对内部秩序从内侧、外部秩序从外侧进行充分研究，希望同时采用从外部建立向心秩序的方法和从内部建立离心秩序的方法，在调和相应关系上提高建筑的空间连续性。温州大学图书馆的设计中，尊重校方的意愿，将中心交通区结合门厅设计成了一个高56 m的钟塔，成为整组建筑群的中心，朝西正对温州大学主入口轴线，朝北正对高教园中心区主景观轴线。对于外部秩序而言，钟塔具有趋向中心矢量的向心性、收敛性的空间属性；对于内部秩序而言，钟塔具有离开中心矢量的离心性、扩散性的空间属性。这一中心性作为空间的构成和现象而存在。

在中心性的统领下，建筑设计追求一体化，即建筑与基地的一体化、建筑与师生需求的一体化、建筑形体组合的一体化，充分体现功能与空间、造型的和谐统一，与周边环境的有机结合，力求为师生提供舒适、方便、多元化的阅读与学术交流空间。

3. 连续空间

中心性与一体化表现在建筑的空间上就是空间秩序的连续性和逻辑性。空间秩序从外部的到半外部的（半内部的）再到内部的，从多数集合的到中数集合的再到少数集合的，有条不紊、层层推进。外部空间及内部空间的渗透及过渡通过连续空间得以较好地完成。

秩序一建立在建筑的西面。从温州大学主校门开始，通过长桥，越过茶山河和图书馆沿河文化广场，上1.5 m高的大台阶到达主入口平台，这个呈梯形打开的空间为半围合状态，布置有树池、叠水、休息座椅，是一个包涵温州大学方向读者主入口和学术交流主入口的灰空间，是可供师生休憩、交往的积极空间，同时纳入远处温州大学校区全景。此处成为本组空间秩序的高潮，是承前启后的重要环节。从平台向东即进入图书馆读者大厅，读者大厅延续平台的梯形界面，交通枢纽（主楼梯及电梯厅）、总出纳台、查目、休息、书展、阅览空间等全景式展开，一览无遗。从平台向北即进入学术交流区的展览厅和多功能厅。

秩序二建立在建筑北面。从高教园中心区开始，通过绿化带，进入图书馆北侧广场，沿踏步而上为尺度适中的北入口空间平台，平台上以门廊构架限定入口空间。穿越门廊，进入门厅，这里出现一个相对收敛的过渡空间，再向前为空间开阔的读者大厅，空间序列由外而内通过放、收、放的处理来呈现节奏变化。

图书馆的钟塔成为连续空间的目标，北面和西面空间秩序的建立成为空间形成递进的路线。外部空间与内部空间有了目标，途中空间就产生吸引力，这也是设计所追求的富有期待感的连续空间。建筑的内部空间以交通枢纽为核，阅览区、学术交流区与业务管理区之间出现一些富有趣味的交融空间，如二层的信息公布空间和三、四层的休息交往空间，通过中庭串接，使二至五层的阅览及交通功能连续起来。建筑的西南角通过三层景观平台与茶山河形成交流，成为读者阅览区与茶山河沿岸的景观及河对岸温州大学校区建筑群之间的一个中介空间，这些异质空间的景观在此交融，得以连贯。

图书馆的造型设计顺应空间秩序的连续性，运用两组不同朝向的长方体进行组合创作，从而使建筑的内外空间顺利转换并具有层次性和运动感。对于观者而言，简洁明晰的几何体使建筑更具震撼力，整组建筑体现出一种生长的感觉，水平方向舒展，垂直方向高耸，自然流畅。

原载于《建筑学报》2007 年 8 月

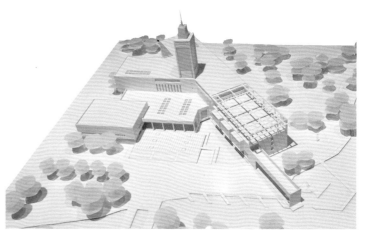

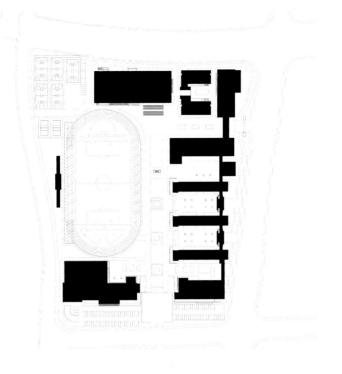

乔司中学
Qiaosi Middle School

浙江　杭州

项目时间：2011—2015
项目规模：65 706 m²
2017 年度全国优秀工程勘察设计行业奖建筑工程一等奖

　　乔司中学有 48 个初中班。设计的目标是建设一所现代化、园林化、生态化的高标准中学。

　　设计取传统建筑之韵味，融入现代建筑中，打造出一座富有传统意蕴的现代江南书院。空间处理上借鉴传统园林处理手法，综合楼、教学楼、学生宿舍沿景观主轴竖向展开，形成纵向展开的多层空间；各功能组团都以园林手法从单体向公共空间过渡，围合成大小广场、绿地、景观节点，并以缓坡、树阵、景观小品等加以点缀，力求小中见大，为师生提供丰富多彩、有人情味的交流场所。

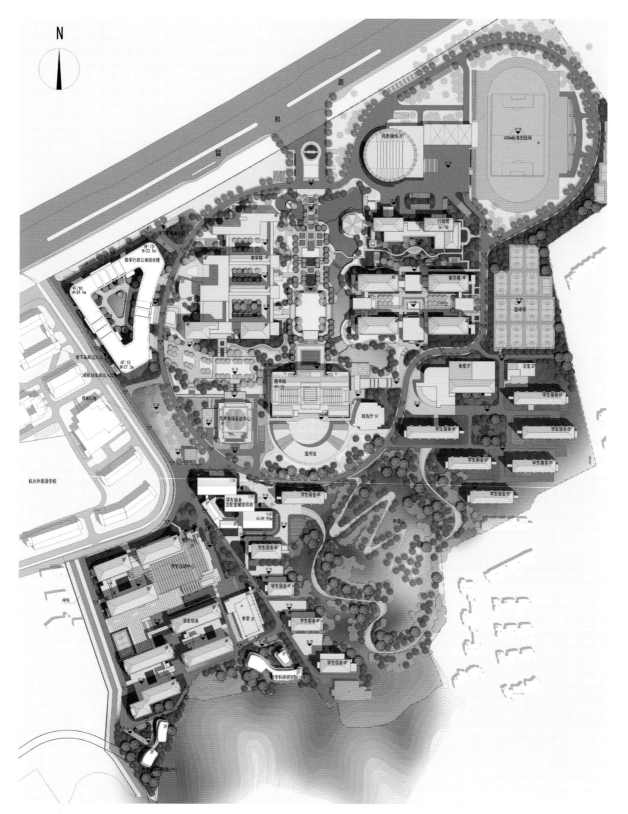

浙江外国语学院学生剧院及艺术系楼
Student Theatre and Art Department Building of Zhejiang International Studies University

浙江　杭州

项目时间：2009—2012

项目规模：19 963 m²

2015 年度教育部优秀工程勘察设计三等奖

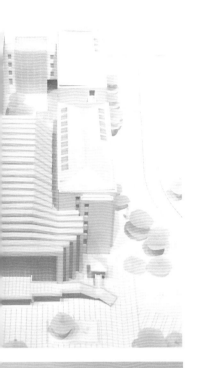

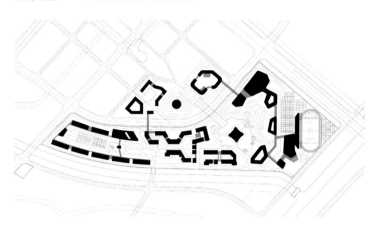

浙江建设职业技术学院上虞校区
Zhejiang College of Construction Shangyu Campus

浙江　　上虞

项目时间：2018
项目规模：200 938 m²
建造中

　　校园公共建筑组团如同流线型山体的起伏围合环绕。造园理水，形成环山面水的校园格局。主轴线承接城市中央绿化，经过校园主入口、核心绿化区、礼堂、图书馆，一直延伸至杭甬运河。

　　设计追求经典与现代结合、传统与地域交织。各组建筑疏密相间有致，赋予江南越文化经典美学特有的韵味。村落状布局的礼堂、四个学院、学生街配套服务楼、大学生活动中心、教师公寓，高低错落，掩映在山水校园之中，充满江南书院气息；粼粼湖面上，礼堂如楼阁般安静矗立，古典儒雅，成为"村"之核心。中心湖面水光潋滟，沿湖绿坡柔美舒展，极富浙江丘陵的美学特征；村落建筑坡顶鳞次栉比，如书院般雅致而富有书卷气。

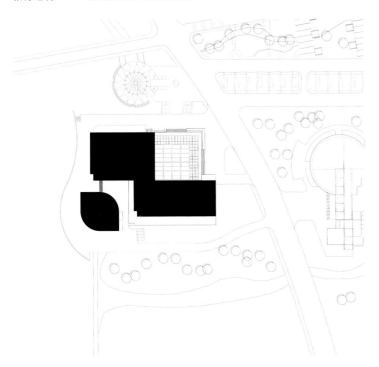

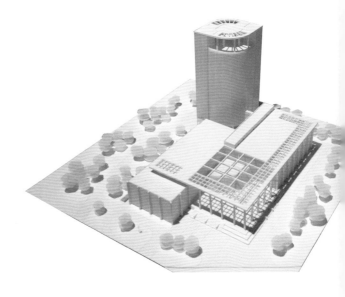

浙江大学紫金港校区图书信息中心
The Library of Zhejiang University Zijingang Campus

浙江　杭州

项目时间：2001—2002
项目规模：22 442 m²
工程负责人：沈济黄
2005 年度教育部优秀工程勘察设计三等奖

　　图书信息中心位于浙江大学紫金港校区中心位置，是新校区东西、南北景观轴的交点，亦是整个校区的最高点。在校区总体空间上起统率作用，并与周边学生活动中心、计算机中心、教学楼群和谐对话。整组建筑晶莹剔透，如水中升起，在周边白色、赭石色的建筑群中脱颖而出。玻璃界面对天光的反射，在清晨、正午、黄昏均有不同效果，强调建筑的空间性、时间性，在校园中扮演着独一无二的角色。

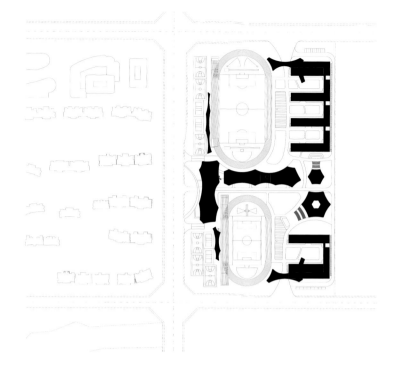

仁和天地中小学
Renhe Tiandi Middle and Elementary Schools

安徽　　芜湖

项目时间：2017
项目规模：52 849 m²
建造中

　　项目为中学、小学的合建项目，北地块为小学，南地块为中学。设计在构图上采用整齐方正的教学楼与灵动曲折的公共建筑相连的方式，在有限的用地上营造理性秩序和自然活力的共生。同时，在景观空间塑造上选取传统园林"庭""廊""园""筑"四种意象，从整体到局部塑造"园中有园"的空间模式，力求建设一个诗意栖居、朝气蓬勃的文化环境。

　　在中小学交界处，体艺馆、食堂、图书馆、大礼堂组成一组建筑群，利用连续反弧的帷幕式向两个校园展开，形成半开敞式的内聚型校园空间。精彩生活的一幕幕在这里展开，建筑与场所精神相互呼应。

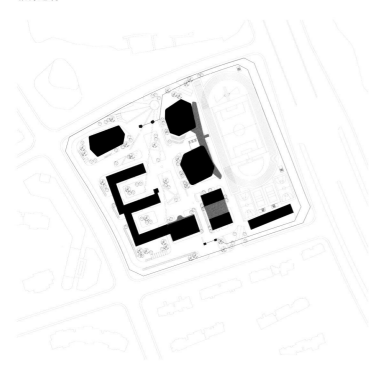

安澜中学
Anlan Middle School

安徽　芜湖

项目时间：2017

项目规模：31 257 m²

建造中

　　安澜中学（芜湖市第二中学）历史悠久，前身由戴安澜将军创办，承载着对抗战英雄的纪念，创造过辉煌的历史。规划设计追求从局部到整体、从内涵到形态的深厚的文化气息的体现。在充分尊重学校功能组团的同时，采用"书香院落，秀石雅韵"的理念，营造学校特质空间。教学区采用纵深多进的民国风院落形式，错落有致、互有衬托的建筑群体形成具有浓郁人文气息的现代化校园；行政区、体艺馆、生活区等公共建筑则如同秀雅的璞石，雅致稳重。

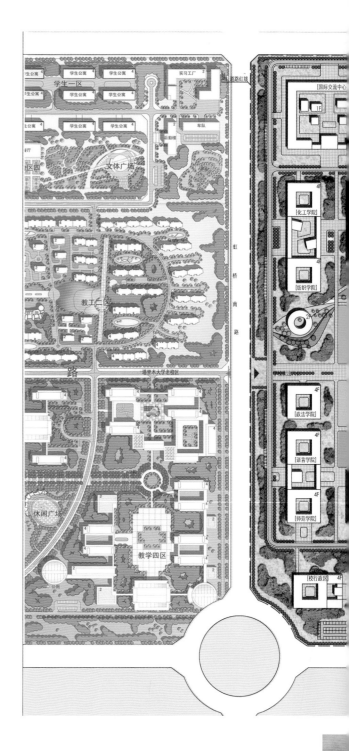

塔里木大学新校区
The New Campus of Tarim University

新疆　阿拉尔

项目时间：2015
项目规模：706 000 m²
方案阶段

　　塔里木大学位于阿拉尔市，新校区选址于塔里木大学主校区东面，东边紧靠塔里木河。

　　林荫大道、中央花园构成的礼仪空间，连续变化、多层次院落组成的学术空间，由街区串联的特色花园、广场等，多尺度、多场景的组合激发了丰富多彩的校园活动。设计采用网格化、单元化的结构，避免了机械大尺度和低效率空间。网格状布置的街区能合理控制密度，营造宜人的尺度，具有城市质感的空间和场所关系，形成浓厚的学术氛围和文化活力。在解决超大型校园的教学、科研、生活等功能和交通要求上，采用"多心复环"的规划思路，营造尺度宜人的校园空间。

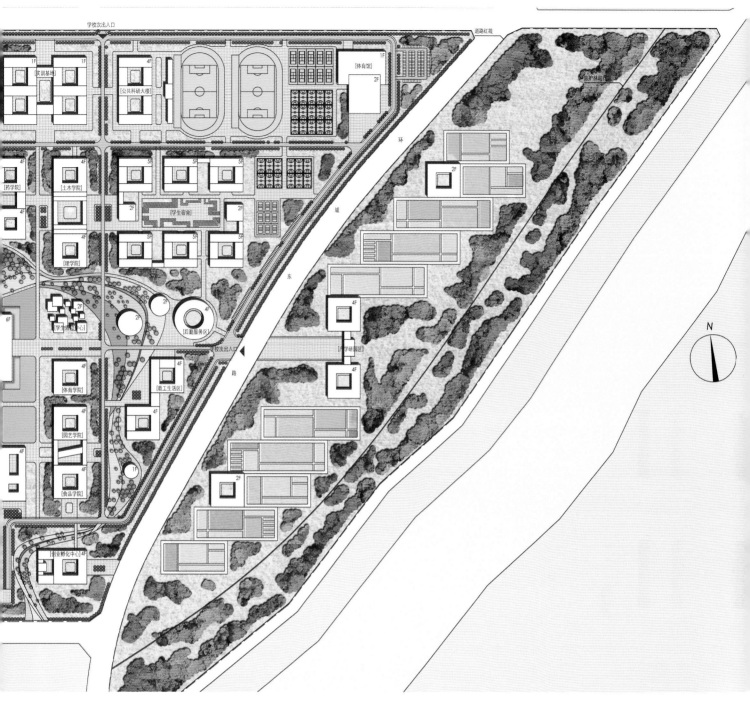

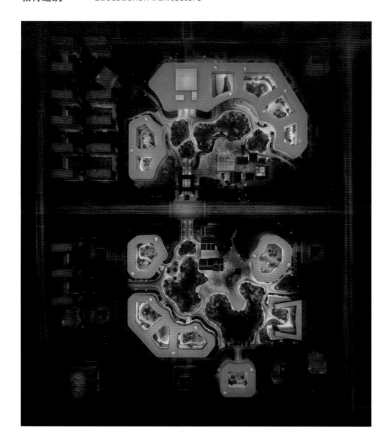

中国科学技术大学高新园区新校区
University of Science and Technology of China High-tech Park New Campus

安徽　　合肥

项目时间：2017

项目规模：1 032 000 ㎡

投标入围方案

　　大学园林中的中央绿脉引领科研生态公园，在绿意盎然的生态圈中散布两个村落组团——以科学博物馆和会议中心为核心的科技研究展示村落、以活动中心为核心的科研服务村落。

　　主轴横贯园区南北，串联主要标志性空间。

　　校园整体空间相对含蓄，绿脉山丘，柔软地与各学院建筑群相融合。

　　总体布局的多院落寓意"人类群星闪耀时"。

综合建筑 Commercial/HOPSCA Architecture

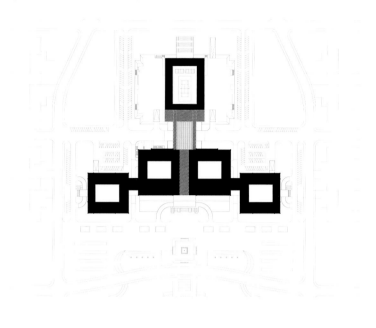

芜湖市行政中心及会议中心
Wuhu Administrative Center and Conference Center

安徽　芜湖

项目时间：2007—2010
项目规模：138 200 m²
2011 年度全国优秀工程勘察设计行业奖建筑工程二等奖

　　徽文化是中国传统文化的重要组成部分，"四水归堂，五岳朝天，形方而正，质朴而和"。设计提出方形合院组合的概念，使内外秩序彼此尊重、相互渗透结合，蕴含徽派传统建筑风格，充分体现地域建筑特色，整组建筑优美的韵律感，使地域标志性和文化象征性得以体现。

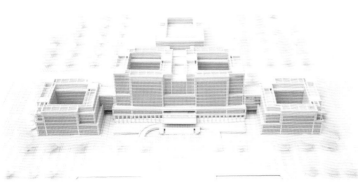

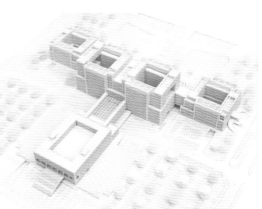

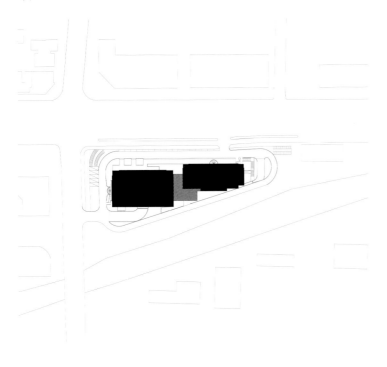

杭州大华华领国际商务中心

Hangzhou Dahua Hualing International Commercial Center

浙江　杭州

项目时间：2010—2012
项目规模：30 861 m²
2014 年度浙江省建设工程钱江杯优秀勘察设计二等奖

　　设计采用新古典主义风格。沿街两层商业立面取消横向分隔，大尺度的柱式统一。主楼采用统一的古典风格，立面石材分割呈现出精致的细部和和谐的比例，局部退台式的设计使主楼在沉稳中富于变化。立面整体清晰有序，重复中富有韵律，传达出古典建筑尊贵、稳重的意蕴。

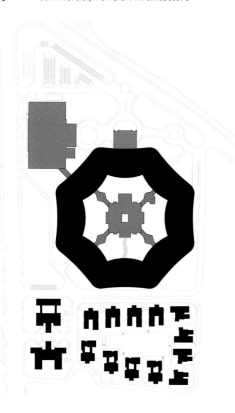

华山喜来登酒店

Huashan Sheraton Hotel

陕西　华山

项目时间：2016
项目规模：69 805 m²
建造中

　　基地位于华山的北面，抬头可赏壮丽之山景，东北侧为黄甫峪河道景观带，低头可享潺潺之河景。自古就为道教鼎盛之处，同时《水经·渭水注》载："其高五千仞，削成四方，远而望之，又若花状。"古"花""华"通用，故"华山"即"花山"。因此，本案以莲花的意向作为主题展开设计。

　　对莲花的含义进行深层探究，并以现代的手法进行表达，试图营造一种恬静舒适的入住体验。与关中民居村落相组合，富有戏剧性，成为独特的文化体验。

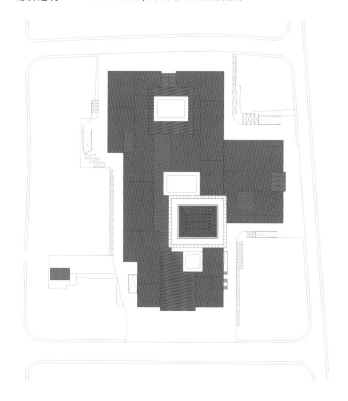

绍兴国金购物城

Shaoxing Guojin Shopping Mall

浙江　绍兴

项目时间：2010
项目规模：103 930 m²
建造中

项目地处绍兴老城中心，基地上保留有一历史建筑。基地周边为成熟的商业街，同时也分布着布业会馆、秋瑾纪念碑以及真神堂等历史遗存，为场所抹上浓重的文化印记。

设计抽取传统民居坡顶为母题，并融合流水波纹的飘逸、拓扑变化，打造出连绵起伏的坡顶形态，使得大体量的建筑充分融入绍兴老城的肌理之中，回归传统，但又不失个性，温和有力地彰显自身。低坡度的连绵坡顶，诉说着传统平远舒缓的美学追求，层层叠叠，气象万千。

建构"水街巷弄"的空间诗意，营造场所精神。借鉴传统水街的空间特点，自北进入广场，经购物内街，到达下沉广场，设置一条曲线通畅的购物流线，如同水流流淌于建筑内部，提升商业空间品质。

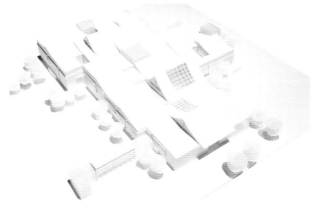

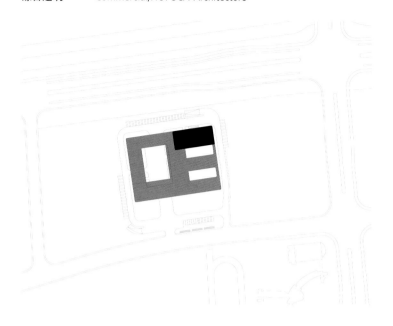

杭州市特殊康复中心
Hangzhou Special Rehabilitation Center

浙江　杭州

项目时间：2017
项目规模：35 800 ㎡
建造中

　　设计采取院落式的布局，通过"园"将空间分割，提供了相对独立的室外活动场地，营造静谧祥和的康复场所，形成内外交融的自然空间。临新南路后退大面积的绿化场地。利用裙房的屋面，形成视线开敞的空中院落，将绿化引入室内。室外活动场所丰富。简洁的立面表现了装配式建筑的构造特点，抹圆的处理手法如一个个舱体镶嵌于建筑体内，使得立面简洁、生动、经济。

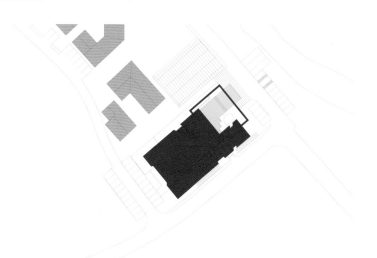

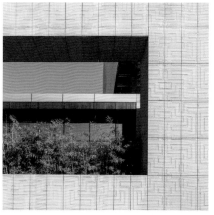

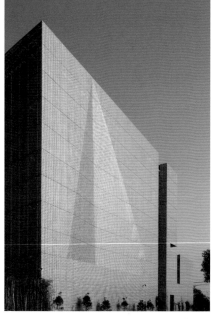

智慧黄山旅游指挥调度中心
Wisdom Huangshan Tourism Command and Dispatching Center

安徽　黄山

项目时间：2012—2014
项目规模：4 998 m²
2015 年度教育部优秀工程勘察设计二等奖

　　将山水和村落作为设计的切入点，以现代建筑设计理念，通过对形体的削减、整合，营造出富有强烈雕塑感的建筑形态，或刚或柔的线条共同勾勒出"山体"的国画意境。通过拟态手法，将黄山挤压、褶皱、切割、抬起的形成历史做一个有趣的隐喻，建筑以穿孔铝板作为山形拟态的材料，引发游客对黄山山体的联想。入口处的小尺度、动态错落的抽象的徽派民居设计，营造别样的地域风格意蕴。

徽州小记
——建筑的文学化关联创作初探

高尔基说："我们的艺术应该就得比现实更高，并且在不使人脱离现实的条件下，把它提升到现实以上，就是要求艺术家应该在再现现实基础上再造现实。如此，艺术才更有价值。"

建筑是赞美某物并使之长久的，建筑创作是如何并以何种方式来赞美某物的呢？

在智慧黄山旅游指挥调度中心项目的建筑创作中，笔者基于对黄山和徽州的敬仰，尝试以文学散文的方式来设计这座规模不大，但希冀表达地域文化的建筑。

1. 作为历史的文学与建筑

"文学一代代地……传递着不可转换的、浓缩的体验。正是以这种方式，文学才变成了一个民族活生生的记忆。"——亚历山大·索尔仁尼琴（俄罗斯作家，1970 年诺贝尔文学奖获得者）。

优秀的文学会赋予民族历史一部文化史、一种绵延感。文学作品有恢宏巨著的长篇小说，也有富有节奏韵律的散文、诗歌等等。

同样，古代埃及宏伟的金字塔不仅是对统治者本身，而且也是对哺育出他们的文化的肯定。通过艺术与建筑，埃及确定了自己过去和现在的身份。美好的建筑可以说在很长时间——有些情况下是永久的——成为人类文明的高点。无论大小，印度的泰姬陵、梵蒂冈的圣彼得大教堂以及土耳其伊斯坦布尔的索菲亚大教堂，还有中国的江南园林，都已成为各自文化的象征。

基于对历史、文化、艺术的确定，记录与升华的共同基因，文学和建筑都以一种审美的向度和体验触摸人们的心灵，给人在心境和态度上带来显著的积极的感受。

2. 关于黄山与徽州

明朝徐霞客登临黄山时赞叹："薄海内外之名山，无如徽之黄山。登黄山，天下无山，观止矣！"黄山集 8 亿年地质史于一身，融峰林地貌、冰川遗迹于一体，兼有花岗岩造型石、花岗岩洞室、泉潭溪瀑等丰富而典型的地质景观。形成了雄伟、秀丽的地貌特征，山石嶙峋，肌理奇美。

徽州不仅是一个地理概念，更是一个文化概念，孕育了独树的博大精深的徽文化，涵盖哲、经、史、医、科、艺等诸多领域，形成新安理学、徽派朴学，对当时中国社会发展产生重要影响，徽学也因此与藏学、敦煌学齐名，成为中国三大地方显学。自古以来，文人墨客以优美的篇章咏歌徽州。如谢灵运、沈约、李白、刘长卿等人，以独到视点感悟徽州，以睿智的心灵寻觅徽州，以优美的篇章歌咏徽州。"一生痴绝处，无梦到徽州"，这是明代戏剧家汤显祖留下的千古绝唱。

徽派民居建筑聚族而居，集徽州山川风物之灵气，融地域风俗文化之精华，风格淳朴，结构严谨，雕镂精美，不论是村庄规划构思，还是平面及空间处理，或是建筑雕刻艺术的思想和美学高度，都体现了极高的水准，为中外建筑界所重视和叹服。

从地域角度而言，当建筑物作为一种形象"事物"出现在聚落内部的时候，就必须考虑作为聚落这个共同体的民意的空间概念和意识。在这里风土绝不可能被直接地表现出来，而一定是创造者的意图通过一种形式被表现出来。那么，我们如何通过建筑来歌颂黄山和徽州的美好内涵呢？

3. 建筑文学化的创作尝试

笔者曾多次前往徽州，每次走进徽州，都有一种传统文化洗礼的感受。

抽象化表达黄山脚下的村居——成为设计的概念，希望能通过小中见大、润物细雨的文学散文方式表达地域让人流连、令人魂牵梦萦的"痴绝"之处，抒发胸臆，发思古之幽情。

智慧黄山旅游指挥调度中心项目位于黄山市"天下徽州——黄山市徽州文化艺术长廊"南端，场地东北侧为迎宾大道，东面临水，南面为规划路，西面为丘，总用地面积约 4 865 平方米，总建筑面积约 4 998 平方米。主要由"旅游综合服务平台"和"旅游电子商务平台"构成，具有"经营、管理、服务、展示"四大功能。作为艺术长廊的终端，对建筑的造型与文化表达有较高的要求。设计通过山水拟态、虚实相生、管中窥豹的手法层层展开。

山水拟态：本案将山水和村落作为设计切入点，采取对形体的削减、整合，营造出富有强烈雕塑感的建筑形态，刚性的线条简约勾勒出"山体"的国画意境。通过拟态，将黄山山石的挤压、褶皱、切割、抬起的形成历史做一个有趣的隐喻，建筑表皮以穿孔铝板作为山形拟态的材料，引发游客对黄山山体的联想。

虚实相生：整体的建筑实体通过铝板材料的分割褶皱、水面的映衬而展现出沉稳活跃的状态，在周边优质的地域环境中，给人以观山揽绿、山林相依的感受。入口处的小尺度、动态错落的徽派民居的抽象的空间设计，营造出徽空间的风格意蕴，依稀让人想起水口、牛形、四水归堂的徽州村落的一隅。简化抽象的山体与徽居相互嵌合相拥，你中有我，体块紧凑嵌合。

管中窥豹：景观设计理念采用现代简洁景观思想，在强调亲水性景观空间和绿色节能建筑概念的同时，充分利用现有景观因素，在建筑东、西、北三个方向设置了景观"窗口"，可以更好地欣赏周边的山水景观。入口处的微型园林，几株修竹，两三原石，爬藤青苔，薄水映秀。借此，管中窥豹，打造小尺度空间的丰富性和艺术化，为使用者提供一个轻松愉悦的戏剧化的场景，并引生空间想象的伸展。

正如蒙特里安所言，"在造型艺术中，限定的形与限定的空间之相互作用，建立了现实的客观表现"。这个作用力也犹如文学作品对美好的叙述一样。

4. 结语

登上黄山，会感叹造物自然的神奇。走过徽州，又会有对历史文化的遐思。山下，粉壁黛瓦的民居，四水归堂，抽象的雕梁、画栋和木、砖、石"三雕"，似一曲清新交响奏鸣曲，萦绕于山林、村陌间，又如一篇淡雅简练的散文，被建筑抽象地、凝固地记载。

原载于《建筑与文化》2016 年 11 月

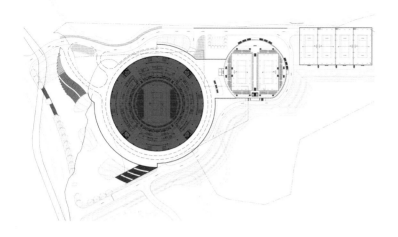

梦云南·温泉山谷国际网赛中心
International Tennis Match Center of Yunnan Hot Spring Valley

云南　安宁

项目时间：2018
项目规模：50 088 m²
建造中

　　设计以水珠泛起的涟漪为理念，涟漪间相互萦绕。主场馆顶部如空中蓝宝石般的泉眼，场地景观布置及主场馆本身造型支撑构件都宛若鱼群，呈现出鱼群在涟漪间游动的动态唯美之感。表达出网赛中心如源头之珠泛起波纹将影响力扩散至四面八方。建筑形体纯粹，在地景中自然地生长。流线型表皮富有个性并体现对主场馆的尊重。

　　外立面采用金属幕墙、混凝土与金属构件结合，顶部桁架结构连接于四个核心筒，设置可开启屋面以实现多场景比赛需求。

　　整体以抽象优雅的建筑形态于理性与感性之间寻求诗意的表达。

居住建筑 Residential Architecture

杭州大华西溪澄品
Hangzhou Dahua Xixi Resident

浙江　杭州

项目时间：2012—2015
项目规模：169 269 m²
2017 年度全国优秀工程勘察设计行业奖住宅与住宅小区一等奖

　　项目位于杭州未来科技城，定位为高端湿地多层电梯住宅，设计充分结合湿地景观环境，创造具有江南园林意境的"园中之园"，营造出雅致、幽静，具有江南韵味的"西溪湿地旁的住宅"。规划从庭院绿地、组团绿地向中小绿化层层渗透，强调空间序列感和意境，创造出步移景异的环境。

　　造型以抽象的传统江南建筑、简约化的建筑语汇，体现建筑的柔美、协调、温文尔雅的风格。园区内部立面造型通过水平线条的组合及花格窗棂的表达，追求阳光、健康，具有江南文化品格的独特气质。

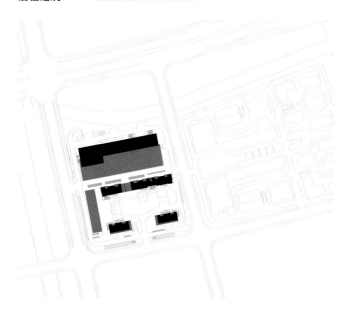

杭州西溪永乐城
Hangzhou Xixi Yongle City

浙江　杭州

项目时间：2014—2017
项目规模：164 712 ㎡
2019 年度教育部优秀住宅与住宅小区设计三等奖

城市新街区之间的建筑肌理

——杭州西溪永乐城设计

场所与契机

杭州未来科技城位于杭州市余杭区，是全国4个未来科技城之一。园区主打创新与高科技产业，自2011年始，科技城内陆续入驻了包括阿里巴巴在内的众多高科技企业，整个科技城呈现代感、科技感与未来感交织的新时代气质。为了契合未来科技园区的形象气质，园区管委会对园区内建筑的风格、材料等都提出了较高的要求：地块内建筑使用幕墙，住宅公建化处理，降低住宅建筑识别度等。

设计地块位于科技城内部核心区域。地块东西宽约165 m，南北长约180 m，既定容积率3.5，建筑密度40%，航空限高100 m，用地条件紧张。但是，占总建筑面积三分之一的住宅功能，由于日照要求，必须占据地块总面积的三分之二左右，让原本十分紧张的用地条件变得更加局促。除居住功能外，地块内还需复合酒店、办公、影院、商业等多个规定功能。多样的功能诉求，意味着多样的建筑类型，也意味着设计有更大的挑战性。

我们认为设计需要回应两个层面的问题。除地块自身的设计问题外，亦须回答城市语境下的设计问题。城市新街区到底需要什么样的建筑？怎样处理建筑肌理才是对城市的正确回应？西溪永乐城项目的设计为我们提供了探讨的契机。

建筑属于城市，这是建筑基本的群体属性，同时每个建筑又独立于城市，这是建筑的个体特性。在综合考虑各方设计条件后，我们决定从城市新街区之间的关联这个角度入手，探讨如何在城市语境下，解析各方矛盾条件，兼顾建筑群体属性与个体特性，既"融"于城市新区，又"显"出个体特性诉求，由此获得一个"和而不同"的设计。

感知与融合——城市新街区整体气韵

在传统的城市理论中，城市设计的内容基本尊崇凯文·林奇在《城市意象》一书中提到的五大要素：道路、边界、区域、节点与地标。由于此次设计地块尺度中等，首要回应的问题是，如何在既定的地块边界物质空间形态下，在既有的城市空间界面下，回应城市，且与之和谐统一。

设计场地北侧是大尺度的城市快速路——文一西路，且处于快速路与科技城中央绿轴交叉处。沿文一西路两侧周边基本为点式与板式交替的高层，界面相对单调。场地西侧是未来科技城中央绿轴。建筑在此处表达为水平方向上相对平直、垂直方向多层次、高低组合的体型组合，较好地勾勒出中央公园边界形态，亦丰富了中央公园边界天际线。

建筑形态考量的另一个重要方面为如何使住宅建筑"公建化"。传统住宅建筑造型均较为烦琐，且标识性较强，这与未来科技城要求的未来感、科技感不太吻合。因此，设计中一方面通过户型与组合方式设计使立面尽量平整，减少立面上的进退；另一方面，采用封闭式阳台与中央空调。将复杂的住宅造型化为规则的几何形态，以相对完整的平面几何形，弱化住宅建筑标识度。从城市角度而言，"公建化"处理契合周边地块已有的城市肌理形态；就地块自身而言，公建部分多为规则几何形，完整的住宅建筑肌理也使得多种功能建筑在地块内部呈现和谐的气韵。

至于立面材料的选择，在外幕墙体系的基础上寻找更加契合未来科技城气质特点的材料，比如玻璃颜色的选择，与玻璃搭配使用材料的选择等等。通过调研科技城内其他地块的立面材料，在综合考虑造价与效果后，设计选择低反射率淡蓝色玻璃幕墙与金属光泽灰色铝板作为立面材料，以体现未来科技城应有的现代感、科技感与创新精神。

识别与区分——建筑个体特性诉求

设计中坚持整体统一、个体彰显的创作原则，在保证场地内建筑整体融合度的同时，亦保持对建筑个体特性诉求的探寻。对于建筑个体而言，因其功能不同、使用者对其心理需求相异等因素，也需要设计提出相应的应对措施。因此，设计从最基本的差异——功能出发，逐一探讨。

住宅部分，设计希望在玻璃与金属冰冷的质感中寻找一些温暖的东西，营造住宅建筑应有的给予使用者的亲切感与归属感。基于这个初衷，设计引入"蜂巢"的概念。在保证整体风格协调与住宅建筑采光需求的前提下，将立面进行模数化划分，以600 mm与900 mm为基本模数进行划分，开窗位置、开窗大小，均基于模数化的"蜂巢"格网。设计以"蜂巢"隐喻"家"，"归巢"即是"回家"。建筑给人以心理暗示，如冬日的暖阳般给人温暖。"蜂巢"错落直上的立面图案组合，亦表达了江南烟雨飘摇的旖旎意境。

公建部分置于地块北侧，与道路相隔大片绿化。设计希望塑造主体建筑在该空间节点的辨识度，回应临街界面在快速路文一西路东西向上的延伸感。设计选择以水平的横向线条为基本元素，如层层水波的立体呈现。通过对线条宽度与间距的反复实验，选择250 mm高、450 mm宽的横线线条，以二分之一层高为线条间距均布建筑立面，回应了地块所临城市主干道的空间界面与建筑功能本身的特性需求。

公建部分裙房的设计以大小不等的盒状肌理形态，回应商业综合体功能需求。不同于传统综合体设计先有建筑后考虑立面悬挂广告牌的步骤，设计的阶段，便将广告悬挂位纳入考虑范围。各种尺度的矩形模块立面，分别回应了不同尺度广告牌的需求。此种具前瞻性地将未来可能影响建筑整体的不利因素，作为设计有利条件的做法，表达了商业综合体与其他建筑的区分度，也避免远期由于广告位悬挂而导致立面无序。建成后，取得较好的整体组合感和立面构成感。

结语

西溪永乐城项目是城市新街区语境下设计的一次探寻。"融合"与"区分"的设计策略思考城市新街区之间的建筑肌理，"融合"不是放弃建筑个性诉求的均质化、同一化，"区分"也不是无视城市、地域、环境的特殊化。城市新街区的设计是与城市空间界面的和谐统一，蕴含城市文脉，又表达个体特性，譬如君子之风，周而不比，和而不同，合而不随。

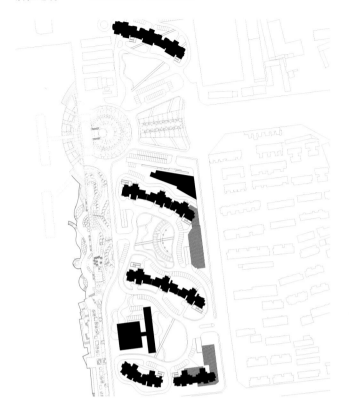

芜湖世茂滨江花园 （超高层住宅）
Wuhu Shimao Riverside Garden Resident

安徽　芜湖

项目时间：2007—2009
项目规模：172 072 ㎡
2017 年度全国优秀工程勘察设计行业奖住宅与住宅小区二等奖

　　项目基地昔日为繁忙的租界码头港口，如今基地北侧为芜湖长江新客站。规划将建筑群设计为扬帆远航的船队的组合意向，最大限度地打通长江与城市之间的联系，宏大而富有韵律感的住宅群，成为城市区域性格的象征而被大众所接受。

　　基地景观优越，建筑设计将住宅单元分别向西偏转 10 度、20 度、30 度组成弧形，呈现出对长江的环抱之势，同时兼顾居住单元的日照和景观资源的共享。建筑高度设计基于对基地景观资源的分析，最终形成生动的沿江天际线。

　　此外，设计对场地内原有的一幢百年仓库进行了保留和更新，并注入新的社区功能，以保留人们对城市发展历史的记忆。

杭州钱塘春晓花园
Hangzhou Qiantang Spring Resident

浙江　杭州

项目时间：2002—2007
项目规模：253 760 m²
全国詹天佑住宅金奖　　全国人居经典建筑规划综合大奖

　　江南园林最重要的特征是再现自然山水。规划在小区里设置中心绿地水系，结合现代景观设计手法，努力再现江南自然风景，使居民"不出城郭而获山水之怡，身居闹市而有林泉之致"。钱塘春晓花园造型秉承江南建筑神韵，选择清逸与含蓄的形式和色彩语言组织住宅区外立面设计，抽象和提炼江南经典木构做法为立面语言，以期追寻那渐已远去的传统文脉，在新城区不断生长变化的格局中建立属于自己的坐标。

园区规划 Park Planning

西安芷阳花巷
Xi'an　Zhiyang Flower Alley

陕西　　西安

项目时间：2018
项目规模：约 1000 亩（含公园）
建造中

　　从区域旅游现状层面看，西安作为中国四大古都之一有着众多历史文化和景观资源，我们认为西安今后的旅游发展将迎来体验式文化旅游模式的全面导入。设计以文化渊源为切入点，充分挖掘项目所在区域的历史背景；紧扣历史文脉，充分围绕本土对基地资源禀赋进行提炼，梳理现状自然生态与地理区位优势，并最终形成本项目的功能业态发展导向。

　　设计提出将本项目打造为"华美唐风　多元开朗　街巷阡陌　经典木作"的"芷阳花巷唐风文旅小镇"，形成集旅游购物、文化娱乐、酒店客栈、健康养生于一体，全覆盖旅居式的唐文化养生度假小镇，成为西安乃至关中地区的唐风文化深度体验栖息地。

普陀山佛系旅游小镇
Putuo Mountain Tourist Town

浙江　舟山

项目时间：2018
项目规模：386 000 m²
中标方案

　　山海之间的地形特性赋予了场地空灵清静的自然属性；一水之隔的"海上佛山"普陀岛赋予了场地深沉禅趣的人文属性。项目以舒展写意的姿态展开，简洁凝练富有禅心，细节处理精致禅趣，是人们归泊寄心的庄园。主轴线承接普陀岛观音像与莲花广场。涟漪式的禅意体验建筑沿莲花广场层层展开，打造出富有活力的如意圆形象，并营造出"多少楼台烟雨中"的意境。两条蜿蜒的商业街巷纵向展开，"小巷深深深几许"，丰富曲折的形态串联起酒吧、餐饮、精品店、民宿等多样功能。酒店区与公寓区分别位于街巷外围的南北两侧，"古风越韵溪边宿"，幽静独立。

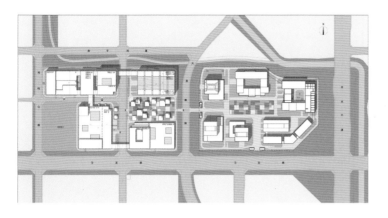

中国电子科技集团合肥公共安全产业园
Hefei Public Safety Industrial Park of CETC

安徽　　合肥

项目时间：2019
项目规模：340 000 ㎡
建造中

　　大尺度的科研制造空间的集约化布局，科研办公、飞艇库、检测、装配等形成一体化的综合体，工作生活配套功能则以小尺度的街巷模式灵活布置在其中。

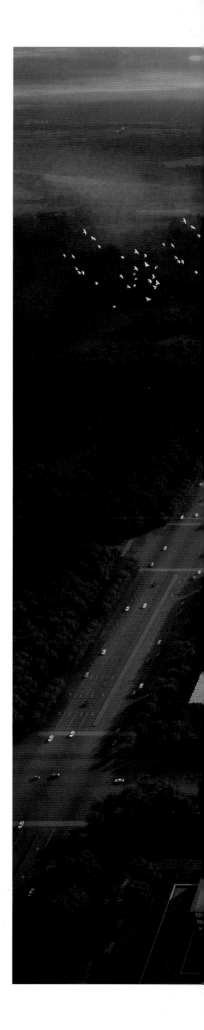

西安导航小镇
Xi'an Navigation Town

陕西　　西安

项目时间：2018
项目规模：2 838 600 ㎡
方案阶段

　　项目紧邻西安秦岭南麓。设计遵从秦岭脉络，以森林和细胞为主要元素，经过提取、演变、进化，将各功能组团放进细胞，又将细胞融入森林，形态与功能兼顾。

　　一个个细胞中包含了产业链基地、太极股份园区、中电科西北集团园区、三十九所园区及中电科配套，科研展示、科技产品、科技体验以及商业、艺术、宾馆等功能遍布其中。每个组团细胞内从建筑模块出发，通过排列组合，相互适应，形成错落有致的建筑组合，每个组团内模块化的建筑形成尺度宜人的庭院与连桥等空间。建筑之间的排列在组团内部形成或大或小的广场空间。自然和建筑有机地融合为一体，创造出私密的、半私密的和公共开放的绿色空间。

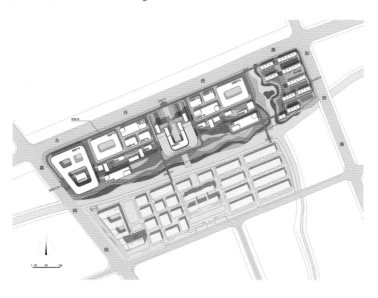

中国电子科技集团嘉兴智慧科技园
Smart Technology Park of Jiaxing CETC

浙江　嘉兴

项目时间：2017
项目规模：195 067 m²
方案阶段

　　水岸，是中国传统园林建筑的主要特征之一。本设计秉承传统文化特征，将庭院理水扩大到城市空间尺度，通过将建筑沿城市道路布置，退让出自然有机的沿河景观带，既有良好的城市视觉效果，又为园区内部提供丰富的景观感受。

　　设计在园区绿轴内，通过建筑类型化的空间组合，形成聚落组织。布局外部严谨理性，内部活泼浪漫，建筑与景观相互渗透，有机结合；功能涵盖资产经营、互联网产业、创客实验、指挥产业、科研办公、孵化器、物流仓储、酒店等产业类型。

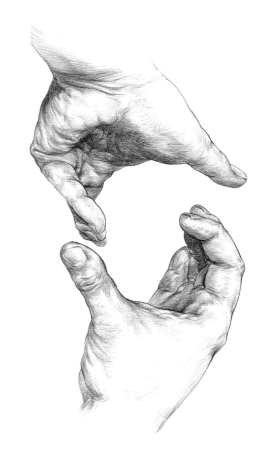

新兴铸管钢铁厂老区改造规划
Xinxing Casting Steel Plant Old District Reconstruction Planning

安徽　　芜湖

项目时间：2015
项目规模：2 496 700 m²
中标方案　规划实施

　　通过对地块的环境分析，厂区西南部为钢厂焦化区。其土地为弱兼容性，宜采用综合修复的手法进行整治成为公园绿地。设计建议采用由厂区西南部环境再生而成的城市文体中心公园与生态公园"二合一"的概念，并建议城市规划部门更换调整用地性质，在保留两个公园自身特色的同时，通过"理园筑城"的手法，使得公园用地与开发用地两相结合、完美融合。

　　在空间上，公园的融合彻底打开了西侧城市界面，加大了公园对城市展示面的长度，拓展了原有公园的界定，并较好地提升了开发用地的品质。

154